Werner Gitt

Herr über Raum und Zeit

– Horizonte jenseits der Naturwissenschaften –

LICHTZEICHEN VERLAG

Werner Gitt
Herr über Raum und Zeit
1. Auflage 2022
© Lichtzeichen Verlag GmbH
Titelbild: shutterstock_545652583, Vadim Sadovski
ISBN: 978-3-86954-494-6
Best.-Nr.: 548494

Dieses Buch ist in Ehrerbietung
dem HERRN gewidmet,
dem ich für die vielen geschenkten
Gedanken danke
und der bei seinem Wiederkommen
die folgenden Worte an uns richten wird:

*Kommt her, ihr Gesegneten meines Vaters,
ererbt das Reich, das euch
bereitet ist von Anbeginn der Welt!*

Matthäus 25,34

Inhalt

Vorwort

Wir leben im 21. Jahrhundert, und die wissenschaftlichen Erkenntnisse nehmen von Jahr zu Jahr über-
proportional zu. Dennoch stoßen wir beim Lesen der
Bibel auf Aussagen, die uns schwer oder gar unver-
ständlich erscheinen:

- Wie ist es möglich, dass uns Jesus räumlich wie
  auch zeitlich die Zusicherung geben kann: *„Siehe, ich bin bei euch alle Tage bis an der Welt
  Ende"* (Matthäus 28,20), obwohl wir an verschiedenen Orten auf der Erdkugel wohnen?
- Wie kann man erklären, dass der auferstandene Jesus plötzlich hinter verschlossenen Türen
  erscheinen konnte?
- Wie ist es möglich, dass Jesus bei seinem Wiederkommen von jedem Punkt der Erde aus
  gleichzeitig gesehen werden kann?
- Wie kann Gott Voraussagen über die Zukunft
  treffen, die sich auch präzise erfüllen?

Alles, was wir in den Naturwissenschaften erforschen, geschieht ausschließlich in unserer dreidimensionalen Welt, in der wir leben. Wirklichkeiten,
die darüber hinausgehen, bleiben uns forschungs-
mäßig verschlossen. Der einzige Weg, darüber Erkenntnis zu erlangen, geschieht durch Offenbarung
Gottes in seinem Wort, der Bibel.

In diesem Buch wollen wir versuchen, Antworten
auf die oben genannten Fragen und andere schwer
verständliche Zusammenhänge zu geben. Dazu ist es

nötig, zwei wissenschaftliche Begriffe näher kennen-zulernen. Der eine ist die „Dimension", ein mathe-matischer und der andere, der „Ereignishorizont", ein astronomischer Fachbegriff. Nachdem wir deren Eigenschaften hinreichend erarbeitet haben, können wir mit diesem Wissen etliche zentrale Aussagen der Bibel näher untersuchen. Die Ergebnisse dürften uns sehr überraschen, denn der Analogievergleich wird uns zu einem besseren Verständnis bedeutender Passagen der Bibel verhelfen.

Ziel des Buches ist es, Gott, den Vater, und Jesus Christus, den Sohn Gottes, den Leserinnen und Le-sern näher zu bringen. Es ist die rettende Absicht un-seres Schöpfers, uns Menschen für ewig in seinem Himmelreich zu haben. Wie kann das ganz praktisch geschehen? Wir sind nur ein Gebet weit von unse-rem Retter Jesus Christus entfernt. Wie ein solches Gebet der Lebensübergabe an ihn lauten kann, wird beispielhaft genannt (s. Seite 115-116).

Danken möchte ich meiner lieben Frau *Marion* für die redaktionelle Durchsicht des Manuskriptes mit allen hilfreichen Verbesserungsvorschlägen.
Auch unserer lieben Tochter *Rona* danke ich für wertvolle Impulse zu diesem Buch.

Wegen besserer Lesbarkeit habe ich den Leser stets in der männlichen Form angesprochen. Es sind dabei immer auch die Leserinnen gemeint

Da der Vortrag zu diesem Thema oft gehalten wurde, ist der Redestil teilweise noch erhalten geblieben.

Werner Gitt, Mai 2022

Teil I: Der Herr über den Raum

1. Das Universum

Wir Menschen sind denkende Wesen und wollen die uns umgebende Wirklichkeit ergründen. Mit den Methoden der Naturwissenschaften ist uns eine solche Möglichkeit gegeben. Dabei stellen wir fest, dass wir die Wirklichkeit nur soweit erfassen können, wie die Reichweite unserer wissenschaftlichen Methoden geht. Wir stoßen bei dieser Vorgehensweise immer an eine Grenze, die wir nicht mehr überschreiten können. Wir gelangen an den Horizont unserer wissenschaftlichen Erkenntnis. Ein Blick über diese Grenze hinaus ist uns mit den naturwissenschaftlichen Mitteln verwehrt. Allzu oft wird versucht, diese Denk- und Erkenntnisgrenze mit Hilfe von Spekulationen zu erweitern.

In diesem Buch werden zwei Quellen der Erkenntnis aufgezeigt:

- Wir wollen uns zunächst bis an die uns durch die Naturwissenschaften gesetzte Erkenntnisgrenze herantasten.
- Im zweiten Schritt gehen wir darüber hinaus, indem wir uns der vom Schöpfer gegebenen Information, der Bibel, zuwenden. Die säkulare Wissenschaft schließt definitionsgemäß diese Erkenntnisquelle aus und gelangt zu allerlei evolutiven Konzepten.

Zwei Begriffe spielen bei unseren wissenschaftlichen Überlegungen eine besondere Rolle: **Raum und Zeit.** Was ist Raum, und was ist Zeit? Mit „Raum" meinen wir in diesem Zusammenhang nicht das Wohnzimmer oder den Saal, in dem wir uns vielleicht gerade befinden. Unter Raum wollen wir das ganze dreidimensionale Universum verstehen, aber auch all jene Wirklichkeiten sind einbezogen, die von höherer Dimension sind. Wenn wir über diese Phänomene aus naturwissenschaftlicher Sicht nachdenken, müssen wir uns eingestehen, dass wir das eigentliche Wesen von Raum und Zeit kaum verstanden haben, obwohl wir es meinen. Warum ist das so?

Die Antwort finden wir in dem alttestamentlichen Buch Jeremia 31,37, das hierbei bedeutsam ist. Der Prophet sagt im Namen Gottes:

> *„Wenn man den Himmel oben messen könnte und den Grund der Erde unten erforschen, dann würde ich auch das ganze Geschlecht Israels verwerfen für all das, was sie getan haben, spricht der Herr."*

In freier und moderner wissenschaftlicher Ausdrucksweise könnten wir diesen Vers auch wie folgt übersetzen:

> *„Wenn die Menschen jemals in der Lage sein sollten, die Größe und die Struktur des Universums und das Innere der Erde zu erforschen, dann will*

ich auch das ganze Volk Israel wegen ihres Unge-
horsams verwerfen."

In diesem Wort koppelt Gott zwei voneinander völlig
unabhängige Ereignisse zu einer gemeinsamen Aussage. Die Wahrheit des einen Sachverhalts wird dadurch untrennbar mit der des anderen verbunden.
Schauen wir uns zunächst die eine Aussage an:

1. Eine Verheißung Gottes an sein Volk: Gott verspricht seinem Volk Israel, dass seine Treue bleibend
ist. Sie ist von nichts abhängig. Gott hatte zwar gesagt, dass er Israel wegen des Ungehorsams in alle
Welt zerstreuen werde. Aber er hat auch versprochen, sein Volk wieder in das Land der Väter zurück-
zubringen. Bereits im 5. Buch Mose (28,64-65) können wir das nachlesen:

> *„Denn der Herr wird dich zerstreuen unter alle*
> *Völker von einem Ende der Erde bis ans andere,*
> *und du wirst dort anderen Göttern dienen, die du*
> *nicht kennst noch deine Väter: Holz und Steinen.*
> *Dazu wirst du unter jenen Völkern keine Ruhe ha-*
> *ben, und deine Füße werden keine Ruhestatt fin-*
> *den."*

Mehrfach wiederholt Gott sein Versprechen, dass er
es auch wieder zurückbringen wird – an drei Beispielen sei das gezeigt:

> *„Aber wenn ich sie ausgerissen habe, will ich mich*
> *wieder über sie erbarmen und will einen jeden in*
> *sein Erbteil und in sein Land zurückbringen"* (Jere-
> mia 12,15).

„Siehe, ich will sie sammeln aus allen Ländern... und will sie wieder an diesen Ort bringen, dass sie sicher wohnen sollen. Sie sollen mein Volk sein, und ich will ihr Gott sein" (Jeremia 32,37-38).

„... wenn die Zerstreuung des heiligen Volkes ein Ende hat, soll dies alles geschehen" (Daniel 12,7b).

Wir jetzt Lebenden sind Zeugen der erfüllten Zusagen und der Treue Gottes. Seit 1948 sammelt sich sein Volk im verheißenen Land. Auf die Frage des Preußenkönigs *Friedrich der Große* (1712-1786) an seinen General *Hans Joachim von Ziethen*, ob er Gott beweisen könne, antwortete dieser kurz: *„Majestät, die Juden!"*

Die zweite Aussage ist von völlig anderer Art, knüpft aber dennoch vollständig an das zuvor Gesagte an:

2. Die Erforschung des Universums und des Erdinneren: Den Menschen wird es trotz aller Mühe niemals gelingen, die wahre Struktur des Universums und das Erdinnere zu erforschen. In der Tat kann uns kein Astronom sagen, ob unser Universum offen oder geschlossen, endlich oder unbegrenzt ist. Es sind ungeklärte Fragen. Da Gottes Zusage an Israel unbedingt gültig ist, gilt auch, dass die tatsächliche Struktur unseres Universums prinzipiell unerforschbar bleibt.

Die Kosmologie ist diejenige Wissenschaft, die sich mit der Entstehung des Universums, aber auch mit der Struktur des Weltraumes beschäftigt. Ich möch-

te hier einen bekannten deutschen Astrophysiker zi-
tieren, der sich mit derlei Fragen intensiv beschäftigt
hat. Prof. Dr. *Volker Weidemann* (1924-2012), der an
der Universität Kiel lehrte, stellte folgendes fest:

> *„Der Kosmologie liegen mehr philosophische An-*
> *nahmen zugrunde als allen anderen Zweigen der*
> *Naturwissenschaft. Wir sind mehr und mehr ge-*
> *zwungen, die Grenzen dessen zurückzunehmen,*
> *was noch Wissenschaft genannt werden kann.*
> *Wir können nicht hoffen, fundamentale Fragen*
> *der Kosmologie wissenschaftlich zu beantwor-*
> *ten. So müssen wir zugeben, dass das Universum*
> *von Grund auf unverstehbar ist. Die Wissenschaft*
> *muss sich damit abfinden, dass es Fragen gibt, die*
> *nicht beantwortbar sind. Was bleibt, ist eine The-*
> *orie über unser Wissen.“*

Das ist die wissenschaftliche Bilanz eines Astrophy-
sikers am Ende des 20. Jahrhunderts. Wir können
nur staunen: Sie entspricht genau dem, was Jeremia
schon vor über 2600 Jahren im Namen Gottes vor-
aussagte (siehe Seite 10).

2. Die Raumfahrt

In unserer vom philosophischen Materialismus ge-
prägten Zeit sind wir letztlich in eine Denkfalle ge-
raten, weil es nur noch das geben darf, was aus der
Materie abgeleitet werden kann. Weiterhin wird unsere dreidimensionale Welt als Wirklichkeitsgrenze
angesehen. Solche Gedanken führen konsequenterweise in die Gottlosigkeit und zum Festhalten an der
Evolutionshypothese.

Die Erforschung des Raumes ist eine Herausforde-
rung für den Menschen. Die kurze Geschichte der
Raumfahrt belegt dies sehr eindrücklich. Wir wollen
nun einige Kosmonauten (sowjetische bzw. russi-
sche Sprechweise) bzw. Astronauten (amerikanische
Sprechweise) zu Wort kommen lassen, um insbesondere auch die weltanschauliche Seite zu betrachten:

2.1 Zeugnisse aus der sowjetischen Raumfahrt

Sputnik I: Die Eroberung des erdnahen Raumes jenseits der Lufthülle begann mit einem definierten Da-
tum. Es war der 4. Oktober 1957, als von den Sowjets
Sputnik I (russ.: Gefährte, Begleiter) gestartet wurde. Es war der erste künstliche Satellit – er wog 83,6
kg und wies einen Durchmesser von 58 cm auf. In 96
Minuten umrundete er einmal die Erde und sandte
stetig Signale aus. Die Bahnhöhe betrug 577 km und
die Bahngeschwindigkeit 8 km/s. In **Bild 1** sehen wir

diesen kugelförmigen Sputnik, der damals die Erde umkreiste und regelmäßige Pieptöne von sich gab. Dieses große Ereignis wurde verständlicherweise als Meilenstein der Raumfahrt in der Sowjetunion entsprechend gefeiert. In Amerika löste es einen Schock aus, denn es war die Zeit des Kalten Krieges. Der Termin für den Sputnik-Start war in besonders werbewirksamer Weise gewählt worden. Es war der Tag der 40-Jahr-Feier der sozialistischen Oktoberrevolution. Dieser Erfolg wurde propagandistisch im Sinne ihrer Ideologie ausgenutzt. Voller Stolz verkündete man vollmundig[1]:

- *„Der Sputnik ist das triumphale Symbol der sozialistischen Welt."*
- Man nannte ihn den *"Morgenstern der neuen Welt",* und damit meinte man die sozialistische Welt.
- Gleichzeitig aber ist der Sputnik auch der *„Abendstern der alten Welt",* der Welt des Westens, die immer noch an einem überholten Gottglauben festhält – und diese Welt ist dem Untergang geweiht.
- Man behauptete in der Propaganda: Der Sputnik habe nun Gott endgültig von der Bildfläche weggewischt. Der Kommunismus setzt nun das Schöpfungswerk Gottes fort. Nun ist der achte Schöpfungstag angebrochen.
- Der Dialektische Materialismus tritt nun an die Stelle des Glaubens.

1
  Dr. Eberhard Moßmaier: „Weltraumfahrt aus christlicher Schau", Drittordens-Verlag, S. 16-19.

- Die Raketentürme nannte man die „*Kathedralen der neuen Weltanschauung*".

Alles gipfelte in der radikalen Aussage: „*Es gibt keinen Gott!*" Ein kleiner künstlicher Umlaufkörper um die Erde habe es bewiesen. Angesichts des Zusammenbruchs der Sowjetunion seit 1991 bekommen solche Worte heute einen ganz anderen Klang.

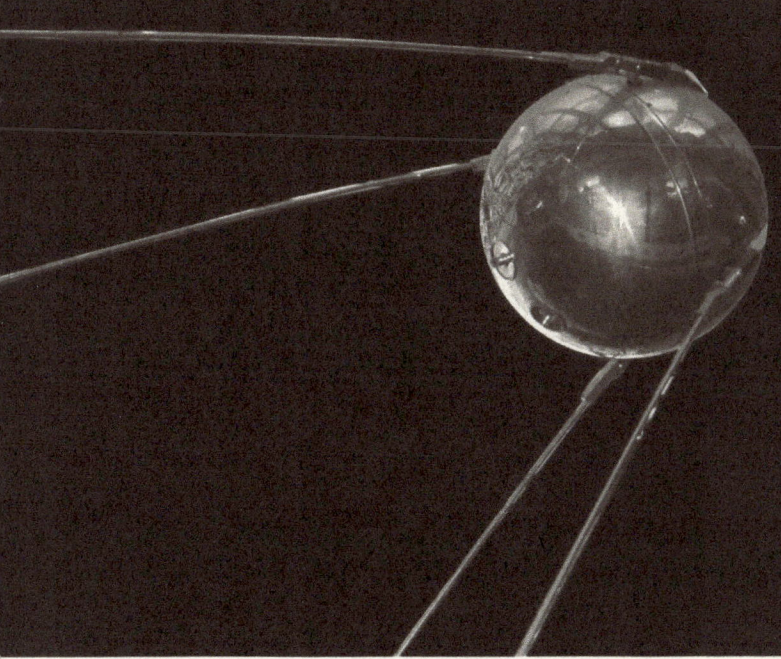

Bild 1: *Sputnik 1 startete am 4. Oktober 1957 und war der erste künstliche Satellit auf einer Umlaufbahn um die Erde. Er gilt als der Startschuss der sowjetischen Raumfahrt. In der westlichen Welt löste er den sogenannten Sputnikschock aus. Das Wort Sputnik gehört zu den „100 Wörtern des 20. Jahrhunderts", die als besonders kennzeichnend für die Zeit angesehen wurden und ist insbesondere in einigen osteuropäischen Ländern ein Synonym für Satellit.*
Urheber: *mmons.wikimedia.org/w/index.php?curid=1129363*
Quelle: https://upload.wikimedia.org/wikipedia/commons/b/be/Sputnik_asm.jpg

Sputnik III: Der Start von Sputnik III fiel ebenfalls auf keinen zufälligen Termin. Es war der 15. Mai 1958, der Himmelfahrtstag jenes Jahres. Man verkündete: *„Jetzt kann der ‚Himmelfahrtstag' zu Recht diesen Namen tragen, denn Sowjetmenschen haben nun eine wirkliche Himmelfahrt inszeniert."*

Wostok I und II: Der sowjetische Kosmonaut *Juri Alexejewitsch Gagarin* (1934-1968) war der Erste, der die Erde mit einer Raumkapsel umkreiste. Mit Wostok I flog er am 12. April 1961 einmal um die Erde. Für diese einmalige Umrundung brauchte er 108 Minuten. Ihm folgte *German Stepanowitsch Titow* (1935-2000) am 6. August 1961 mit 16 Erdumkreisungen mit der Raumkapsel Wostok II. Mit 25 Jahren war er der bisher jüngste Mensch im All.

Chruschtschow bezeichnete diese beiden Kosmonauten als „Himmelsboten". Große Plakate zeigten die Erdkugel, und darüber schwebte der Kosmonaut in seinem Raumanzug. Mit großen Buchstaben stand darunter: „Бога нет" (= Boga njet!), das bedeutet: „Es gibt keinen Gott!" **Bild 2** zeigt wie diese Plakate[2] aussahen, mit denen die atheistische Propaganda betrieben wurde. Mit ihrer Folgerung knüpften sie an die alte heidnische Gottesvorstellung an.

---

2 „Dein Reich komme" (DRK) – Zeitschrift von „Licht im Osten", 1977, Nr. 6, S. 6; DRK 1987, Nr. 1, S. 9, Ein Propagandaplakat aus dem Jahr 1961.

Bild 2: *Atheistisches Propagandaplakat mit der Aufschrift „Бога нет"* *(„Es gibt keinen Gott").*
Quelle: Vladimir Menshikov; Universal History Archive/Getty Images

Sojus 12, 18, 27, T-3: Der sowjetische Kosmonaut *Oleg Grigorjewitsch Makarow* (1933-2003) (**Bild 3**) absolvierte vier Raumflüge:

- Sojus 12 (Start am 27.09.1973, 2 Tage),
- Sojus 18 (Start am 05.04.1975, abgebrochen)
- Sojus 27 (Start am10.01.1978, 5 Tage)
- Sojus T-3 (Start am 27.11.1980, 11 Tage).

Zweimal erhielt er den Titel „Held der Sowjetunion", und viermal erhielt er den Leninorden. Nach der Rückkehr von einem Flug behauptete er[3]:

3
 DRK 1979, Nr. 2, S. 8

„Die Erfolge der Wissenschaft haben die religiöse These von der Allmacht eines Gottes begraben. Mit dem Eindringen des Menschen in den Kosmos bricht die Legende von der Allmacht Gottes zusammen.“

Bild 3: *Der sowjetische Kosmonaut Oleg Makarow. Quelle: https://dewiki.de/b/1cca90*

Wostok III (russ.; Osten): *Andrijan G. Nikolajew* (1929-2004) startete am 11. August 1962 mit seiner Raumkapsel Wostok III und umkreiste 64-mal die Erde (**Bild 4**). Nach der Rückkehr begründete er seinen Atheismus mit dem Satz:

„Ich bin Gott bei meinem Flug nicht begegnet.“

Dieser Ausspruch sollte die Aussage „Es gibt keinen Gott!“ bestätigen. Was war das für eine merkwürdige Schlussfolgerung? Bedeutet das – wenn ich meinen Verstand noch nie gesehen habe, dann besitze ich auch keinen?

Bild 4: *Der sowjetsche Kosmonaut Juri Gagarin.*
Quelle: *https://commons.wikimedia.org/wiki/File:Yuri-Gagarin-1961-Helsinki-crop.jpg*

Nikita Sergejewitsch Chruschtschow (1894-1971) war von 1958 bis 1964 sowjetischer Staats- und Parteiführer der Sowjetunion. Von ihm stammt die Aussage[4]:

„Die Sowjetmenschen streben nicht nach einem himmlischen Paradies. Sie wollen ein Paradies auf Erden haben. Wir wollten selbst überprüfen, wie es mit dem himmlischen Paradies bestellt ist und haben unseren Kundschafter Juri Gagarin rausgeschickt. Juri Gagarin hat die ganze Erdku-

---

4
DRK 1979, Nr. 2, S. 8

gel umflogen, doch nirgends im Kosmos das Paradies gefunden. Stockfinster ist es dort, sagte
er. Kein Garten, nichts, was einem Paradies ähn-
lich wäre. Wir haben überlegt und beschlossen,
noch einen Kundschafter rauszuschicken. Und so
haben wir German Titow entsandt. Wir sagten
ihm: ‚Du wirst jetzt länger fliegen als Gagarin, der
nur anderthalb Stunden geflogen ist. Er kann das
Paradies übersehen haben. Schau dich also dort
gut um.' Er flog, kehrte zurück und bestätigte die
Schlussfolgerungen, die Gagarin gezogen hatte.
‚Nichts da', sagt er."

Atheistische Propaganda in England: Auch in England versuchten einige Leute, eine atheistische Kampagne zu starten. Im Januar 2009 sollten von der
„Atheist Bus Campaign" (= „Atheistische Buskampa-
gne") die typischen englischen Doppeldeckerbusse
mit folgender Aufschrift versehen werden: *„There's
no God"* (*„Es gibt keinen Gott!"*). Das wurde jedoch
verhindert, weil nach einem Werbegesetz nur pro-
klamiert werden darf, was durch Faktenmaterial belegt ist. Nun kamen die atheistischen Auftraggeber
in die Klemme, denn sie konnten nicht nachweisen,
dass es keinen Gott gibt. So haben sie überlegt, was
nun zu tun sei. Und so entschieden sie sich für die
Formulierung: *„There's probably no God"* (*„Es gibt
wahrscheinlich keinen Gott"*) – siehe **Bild 5**. Mathematisch betrachtet ist dies eine bemerkenswerte
Aussage: Wenn man annimmt, dass die Wahrscheinlichkeit dafür, dass es keinen Gott gibt, den Wert w
hat, dann ist $1-w$ die Wahrscheinlichkeit dafür,
dass es doch einen Gott gibt. So haben die Atheis-

ten mit ihrem Spruch ungewollt auch zum Ausdruck gebracht – dass es einen Gott gibt. Zu bezweifeln ist, dass dieses Statement von ihnen gewünscht war.

Es stellt sich uns jetzt die Frage: Wie kam es, dass wir aus der damaligen Sowjetunion immer wieder diese Botschaft bekommen haben: „Es gibt keinen Gott!"? Nun, das hat mit dem dort vorherrschenden Kommunismus und ihren Gründern zu tun. Der deutsche Philosoph und kommunistische Revolutionär *Friedrich Engels* (1820-1895), einer der Mitbegründer dieses Systems, hatte gelehrt:

„Die stoffliche, sinnlich wahrnehmbare Welt, der wir selbst angehören, ist die einzig wirkliche."

Bild 5: *Ariane Sherine und Richard Dawkins beim Start der atheistischen Kampagne an Londoner Bussen am 6. Januar 2009. Werbespruch: „There's probably no God" („Es gibt wahrscheinlich keinen Gott").*
Quelle: https://commons.wikimedia.org/wiki/File:Ariane_Sherine_and_Richard_Dawkins_at_the_Atheist_Bus_Campaign_launch.jpg

Das würde bedeuten: Es gibt nur Materie und sonst weiter nichts. Damit ist die gesamte Wirklichkeit erfasst. Bei solch einer Reduzierung der Wirklichkeit bleibt kein Platz mehr für einen Glauben an Gott. Die Bibel aber sagt uns zu diesem Thema etwas Grundlegendes in 2. Korinther 4,18:

„Denn was sichtbar ist, das ist zeitlich, was aber unsichtbar ist, das ist ewig."

Im Denksystem von *Engels* gab es keine unsichtbare Welt. Ist es nicht erstaunlich, mit wie wenigen Worten die Bibel falsche Vorstellungen korrigiert?

2.2 Zeugnisse aus der amerikanischen Raumfahrt

Es wäre unvollständig, würden wir nur sowjetische Kosmonauten zu Wort kommen lassen. Auch amerikanische Astronauten bewegte bei ihren Raumflügen die Frage nach Gott. Hier einige Beispiele:

Gemini V: Der Astronaut *Gordon Cooper* (1927-2004) führte zwei Raumflüge durch. Den ersten Flug unternahm er mit Mercury-Atlas 9 (Start am 15.05.1963; Flugzeit 34 h, 19 min), den zweiten mit Gemini V am 21.08.1965. Er umkreiste die Erde 120-mal. Hinterher berichtete er[5]:

5
Zeitschrift der IVCG "Geschäftsmann und Christ"

„Ich fühlte während meiner Raumflüge die Ge-
genwart meines Gottes so, wie er immer bei mir
ist. Ich stellte fest, dass ich ihn 250 km über un-
serem Planeten ebenso nötig hatte wie im tägli-
chen Leben auf der Erde. Wer auf der Erde nicht
mit Gott lebt, wird ihn auch im Weltraum nicht
finden; und wer Christus nicht in sein Herz auf-
genommen hat, kann nicht wahrhaftig ruhig und
geborgen sein. Ich besitze Frieden, weil ich mich
auf den Herrn Jesus verlasse. Als Christ glaube
ich, dass unser gegenwärtiges Leben ein winzi-
ger Teil ist im Vergleich zum Leben nach dem Tod.
Darum ist es wichtig, sich auf die ewige Zukunft
vorzubereiten."

Apollo 15: *James Irwin* (1930-1991) (**Bild 6**) war vom
26. Juli bis 7. August 1971 mit Apollo 15 unterwegs.
Er war der achte Mensch, der den Mond betrat und
der erste Mensch, der mit einem Auto auf dem Mond
spazieren fuhr (**Bild 7**). Seine Mondaufenthaltsdauer
betrug 66 Stunden und 56 Minuten. Seine Erlebnisse
auf dem Mond beschrieb er wie folgt[6]:

„Ich kann die Gefühle während des Fluges nicht
vergessen. Je mehr wir von der Erde wegkamen,
desto mehr haben wir die Wunder der Schöp-
fung Gottes gesehen und seine Führung erlebt.
Drei Tage waren wir auf dem Mond und durften
nur dort sein, weil Gott es zugelassen hat. Es sind
uns auch große Schwierigkeiten begegnet, auf die

6
Zeitschrift der IVCG "Geschäftsmann und Christ"

wir nicht vorbereitet waren. In allen diesen Fällen habe ich stets gebetet, und der Herr hat geholfen."

Bild 6: *US-amerikanischer Astronaut und Pilot der Mondlandefähre auf der Apollo-15-Mission James Benson Irwin (1930-1991). Er war der achte Mensch, der den Mond betrat.*

Ich habe *James Irwin* persönlich kennen gelernt, denn wir hatten gemeinsame Vorträge in Hamburg und in Hannover. Während der langen Autofahrten konnte ich viele Dinge ansprechen, die mit seinen Erlebnissen auf dem Mond zu tun hatten. Er erzählte mir davon, dass sie auf dem Mond mit mancherlei Problemen zu kämpfen hatten. Auch das Mondauto war davon nicht ausgenommen. Nun gibt es auf dem Mond keine Werkstatt, wo man einen Defekt reparieren lassen kann. Von seinen Gebetserfahrungen berichtete er mir wie folgt:

„So habe ich mich zu Gott hingewandt und ihm im Gebet gesagt: ‚Herr hilf!‘ Gott hat sich auf dem Mond völlig anders verhalten als ich das von meinen Gebeten auf der Erde kannte. Auf dem Mond hat Gott unsere Gebete sofort erhört. Auf der Erde ist unsere Erfahrung etwas anders. Wir beten für ein Anliegen, aber das Erbetene geschieht nicht augenblicklich. Gott hat Zeit. Er hat seine Zeit, und er lässt sich auch manchmal Zeit.“

Aber auf dem Mond wurde die Hilfe sofort gebraucht, und so hat Gott uns seine Hilfe unverzüglich gewährt. Weiterhin erzählte mir *James Irwin*:

„Wir hatten die Aufgabe, einen weißen Stein vom Mond mitzubringen, weil der für die Wissenschaft wichtig war. Aber nirgends war ein weißer Stein zu sehen, denn der Mond ist völlig mit einer Staubschicht bedeckt. Und so habe ich gebetet: ‚Herr, zeige mir doch den weißen Stein.‘ Und was tut Gott? Er beseitigte den Staub von einem weißen Stein in unmittelbarer Nähe.“ Irwin berichtete weiter: *„Ich schaute nur ein wenig zur Seite und sah dort einen weißen Stein – völlig staubfrei lag er da. Ich hatte den Eindruck, als habe Gott einen Engel geschickt, der in diesem Augenblick den Staub abgewischt hat, so dass ich diesen Stein mühelos finden konnte.“*

So real hatte *Irwin* Gott auf dem Mond erlebt. Diese Begebenheit macht deutlich: Gott ist auch dort gegenwärtig! Das ist eine wichtige Erkenntnis, auf die wir später noch einmal zurückkommen.

Bild 7: *Apollo 15: James Irwin mit dem Mondauto (Lunar Roving Vehicle) auf dem Mond. Im Hintergrund Mount Hadley. Start am 26.07.1971, Landung auf dem Mond am 30.07., Aufenthaltsdauer 2 Tage, 18 Stunden 54 Minuten, 54 Sekunden, Start vom Mond am 02.08., Landung am 07.08.1971 im Pazifik.*
Quelle:https://commons.wikimedia.org/wiki/File:Apollo_15_Lunar_Rover_and_Irwin.jpg

Am 1. August 1971 sprach er von der Mondoberfläche die Worte aus Psalm 121,1: *„I will lift up mine eyes unto the hills from whence cometh my help"* (*„Ich hebe meine Augen auf zu den Bergen. Woher kommt mir Hilfe?"*)

Von *James Irwin* stammt noch ein weiteres bemerkenswertes Zitat[7]:

> *„Es ist wichtiger, dass Jesus Christus seinen Fuß auf die Erde setze, als der Mensch einen Fuß auf den Mond."*

2.3 Unterschiedliche Gottesvorstellungen

Wir haben an etlichen Beispielen die Aussagen sowjetischer Kosmonauten und amerikanischer Astronauten gegenübergestellt und dabei festgestellt, dass die Aussagen bezüglich Gott sich konträr gegenüberstehen. Woran liegt das? Ihre Ausflüge in den Raum waren doch vergleichbar. Warum unterschieden sich die Gedanken über Gott bei den Sowjets so grundlegend von den Erfahrungen der Amerikaner?

Die Sowjets unter dem Kommunismus hatten ein Gottesbild, das von den heidnischen Gottesvorstellungen der Antike geprägt war. In jener Zeit glaubte man, dass Sonne und Mond Gottheiten seien. Für die Griechen wohnten die Götter auf dem Olymp, also auf dem höchsten Berg Griechenlands. Ihre Götter waren stets räumlich lokalisierbar. Entweder waren sie auf dem Berg behaust oder aber, sie waren an irgendeinem anderen Ort anzutreffen. Sie konn-

---

7

Ein ähnliches Zitat ist aus der Schrift „High Flight" entnommen: *"God walking on earth is more important than man walking on the moon."*

ten aber nicht gleichzeitig an verschieden Plätzen sein. Und die Germanen glaubten, dass ihre Götter in Walhall wohnten, also auch an einem fest vorge-gebenen Ort. Auch sie hatten eine räumliche Vorstel-lung von Gott.

Genau dieser alten, heidnischen Vorstellung schloss sich auch der französische Mathematiker und Astro-nom *Pierre-Simon Laplace* (1749-1827) an. Um das Jahr 1800 erklärte er:

„Ich habe mit meinem Fernrohr das ganze Weltall durchforscht, nirgends habe ich den Himmel ent-deckt, nirgendwo habe ich Gott gefunden."

Schon *Laplace* war etwa 150 Jahre vor den Sowjets zu demselben Ergebnis gekommen: Es gibt keinen Gott im Weltall. Zunächst müssen wir *Laplace* wider-sprechen, wenn er meint, er habe das ganze Univer-sum durchforscht. Heute setzen wir große Teleskope ein, Radioteleskope und diverse andere Teleskope, wie z.B. das Hubble-Teleskop, um immer weiter in das Universum vorzudringen. Kein heutiger Astro-nom würde behaupten, das ganze Universum durch-forscht zu haben. Je weiter wir in dieses Universum hinausschauen, umso mehr müssen wir zugeben, die entscheidenden Fragen nicht beantworten zu können. *Laplace* behauptete kühn, wenn er dort zwi-schen den Sternen keinen Gott gefunden hat, dann kann es ihn auch nicht geben.

Das Universum ist voller Sterne. Nach Abschätzun-gen in der Stellarstatistik liegt ihre Zahl bei 10^{25}. Das ist eine 1 mit 25 Nullen daran, kein Mensch kann das zählen, noch nicht mal ein Computer schafft das. Nähmen wir einen Computer, der 10 Milliarden Sterne in einer Sekunde zählen kann, und ließen ihn einmal die Zahl der Sterne durchzählen. Wie lange wäre er wohl damit beschäftigt? Nun, es kämen 30 Millionen Jahre zusammen. Dieses riesige Universum braucht eine Erklärung – welche Struktur hat es, welchen Zweck hat es, und woher kommt es?

Wir wollen uns nun nicht weiter mit heidnischen und atheistischen Gottesvorstellungen beschäftigen, sondern wenden uns dem Gott der Bibel zu.

3. Wer nach Gott fragt, ist klug

Entgegen allen heidnischen Gottesvorstellungen bezeugt uns die Bibel einen völlig anderen Gott. Aus der Vielzahl der Kennzeichen Gottes seien hier im Zusammenhang dieses Buches einmal fünf hervorgehoben. Der Gott der Bibel ist:

- überräumlich (Psalm 139,5+9-10)
- überzeitlich (2 Petrus 3,8)
- unfassbar (Jeremia 33,3; Römer 11,33)
- unergründlich (Jesaja 40,28b; Römer 11,33-35)
- unsichtbar (Kolosser 1,15).

Das sind besondere Wesenszüge unseres Gottes. Damit ist er keineswegs vollständig charakterisiert. Der Gott der Bibel ist völlig anders als alle Götter der Heiden. In Apostelgeschichte 17,27-28 lesen wir:

„Damit sie Gott suchen sollten, ob sie ihn wohl fühlen und finden könnten; und fürwahr, er ist nicht ferne von einem jeden unter uns. Denn in ihm leben, weben und sind wir."

Die griechischen Philosophen wollten immer etwas Neues hören. Als Paulus nach Athen kam und zu ihnen auf dem Areopag sprach, konnte er ihnen nicht nur etwas Neues, sondern zugleich auch etwas Außergewöhnliches nennen, denn ihr Denken reichte nicht aus, um das Verkündigte zu fassen. Er kennzeichnete Gott als einen, *„in dem wir leben, in* *dem wir weben und in dem wir uns befinden"* (Apostelgeschichte 17,28). Wir können uns gut vorstellen, das hat keiner der klugen Philosophen verstanden. Das war wirklich etwas ungeahnt Neues! Von einem solchen Gott hatten sie noch nie gehört. Dieser Gott stellt sich im Alten Testament in Jeremia 23,23-24 wie folgt vor:

> *„Bin ich nur ein Gott, der nahe ist, spricht der HERR, und nicht auch ein Gott, der ferne ist? Meinst du, dass sich jemand so heimlich verbergen könne, dass ich ihn nicht sehe? spricht der HERR. Bin ich es nicht, der Himmel und Erde erfüllt? spricht der HERR."*

Gott aber sieht uns alle, wie sehr wir uns auch verstecken mögen! Die Bibel sagt in Psalm 14,1-2 über solche Leute:

> *„Die Toren sprechen in ihrem Herzen: ‚Es ist kein Gott.' Sie taugen nichts; ihr Treiben ist ein Gräuel, da ist keiner, der Gutes tut. Der Herr schaut vom Himmel auf die Menschenkinder, dass er sehe, ob jemand klug sei und nach Gott frage."*

Wenn wir nach Gott fragen, dann sind wir in den Augen Gottes kluge Leute – unabhängig von unserer Intelligenz. Wohl denen, die nach ihm fragen!

4. Zwei wissenschaftliche Begriffe

In diesem Kapitel soll es darum gehen, einen neuen Zugang zu zentralen Aussagen der Bibel zu finden, die dem Verstand häufig zu schaffen machen. Wo ist Gott, und wie kann man das plötzliche Erscheinen des Auferstandenen erklären, oder wie ist die Erscheinung von Engeln in Raum und Zeit deutbar? Kann man die Wiederkunft Jesu als gleichzeitiges Ereignis für alle Menschen dieser Erde anschaulich verstehen? Im Folgenden wird mit Hilfe zweier wissenschaftlicher Begriffe eine hilfreiche Analogie aufgezeigt, um biblische Geschehnisse besser verstehen zu können.

4.1 Der physikalische Ereignishorizont

Wir wollen zunächst einen physikalischen und dann einen mathematischen Begriff näher erläutern.

Was ist ein Ereignishorizont?

Dazu müssen wir uns ein wenig mit der Astrophysik beschäftigen. Nun, seit der Entdeckung der Relativitätstheorie durch *Albert Einstein* (1879-1955) (**Bild 8**) wissen wir mehr über die Wirkungen der Gravitationskraft. Selbst ein Lichtstrahl, von dem wir annehmen, dass er sich vollkommen geradlinig fortbewegt, erfährt eine Ablenkung, wenn er eine große Masse passiert. Das bedeutet: Wenn wir von der Erde aus mit einem Teleskop einen Stern beobachten, dann befindet sich dieser nicht in der geradlinigen Verlängerung des Lichtstrahls. Vielmehr wird er in Richtung zur Masse hin (z. B. Sonne, **Bild 9**) abgelenkt und bewegt sich auf einer mathematisch beschreibbaren Kurve.

Bild 8: *Albert Einstein (1879-1955) während eines Vortrags in Wien 1921. Fotografie: Ferdinand Schmutzer, 1921*
Quelle: https://de.wikipedia.org/wiki/Albert_Einstein#/media/Datei:Einstein_1921_portrait2.jpg

In unserem Universum gibt es Objekte, die eine erheblich größere Massendichte aufweisen als unsere Sonne, wie z. B. „Weiße Zwerge" und „Neutronensterne" (**Bild 10**). Durch sie wird ein Lichtstrahl noch viel stärker abgelenkt als durch unsere Sonne. Ein Weißer Zwerg hat eine so dicht komprimierte Masse, nämlich $5 \cdot 10^{14}$ g/cm³, dass ein Teelöffel voll davon bei uns auf der Erde 1000 Tonnen wiegen würde. Und ein Teelöffel voll von der Masse eines Neutronensternes würde sogar 10 Milliarden Tonnen wiegen. Hier finden wir eine so unvorstellbar hohe Dichte der Materie, dass

ein vorbeiziehender Lichtstrahl dadurch schon sehr
stark abgelenkt wird.

Aber das geht noch zu steigern! Andere Objekte –
man nennt sie „Schwarze Löcher" –, besitzen eine
so stark komprimierte Masse, dass ein Lichtstrahl in
ihrer Nähe einfach verschwindet, quasi verschluckt
wird. Wenn wir unsere Erde auf die Massendichte eines Schwarzen Loches komprimieren könnten,

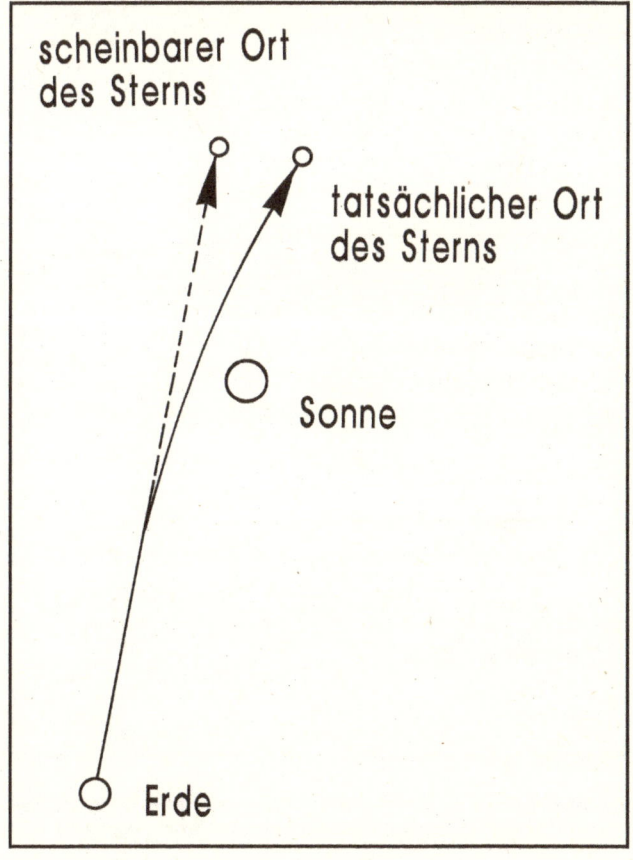

Bild 9: *Ablenkung eines Lichtstrahls durch die Masse der Sonne.*

würde sie auf eine Kugel von nur einem Zentimeter Durchmesser zusammenschrumpfen.

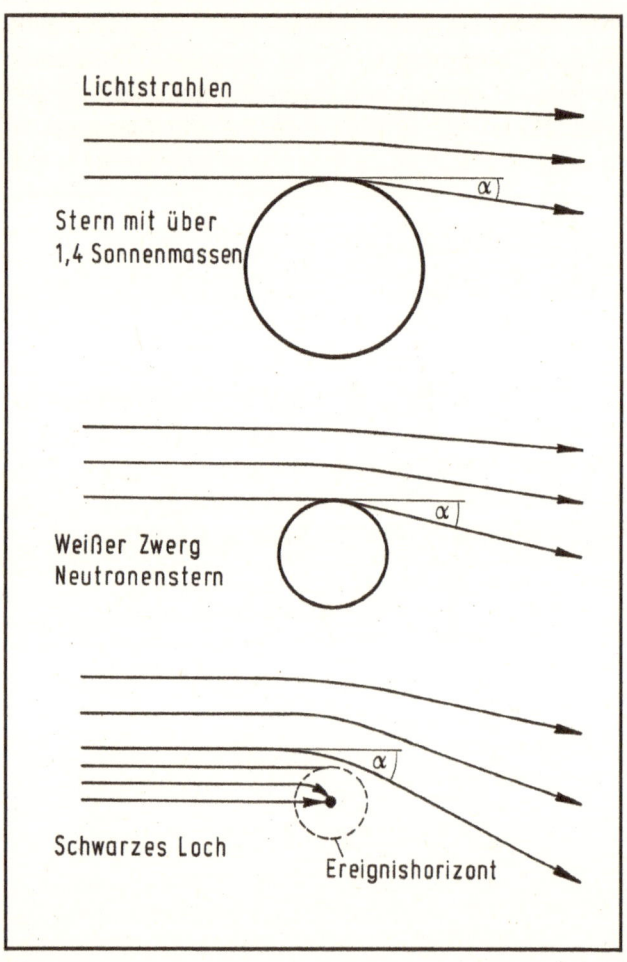

Bild 10: *Ablenkung eines Lichtstrahls durch verschiedene Himmelskörper. In der Nähe eines Schwarzen Lochs wird der Lichtstrahl eingesogen.*

Wegen der zuvor beschriebenen Lichtstrahlablenkung durch die Gravitation von Himmelskörpern müssen wir zwischen dem scheinbaren und dem tatsächlichen Aufenthaltsort eines beobachteten Sternes unterscheiden. Es ist leicht einzusehen, dass mit zunehmender Masse des Objektes, an dem der Lichtstrahl vorbeizieht, auch die Ablenkung zunimmt. In der Grafik ist dies durch den Ablenkungswinkel α gekennzeichnet.

Ein Schwarzes Loch hat eine so große Masse bei gleichzeitig hoher Dichte, dass ein Lichtstrahl, der in seine Nähe gelangt, nicht mehr entkommen kann, sondern er wird eingesogen und verschwindet auf nimmer Wiedersehen. Wenn er jedoch in respektabler Entfernung vom Schwarzen Loch vorbeizieht,

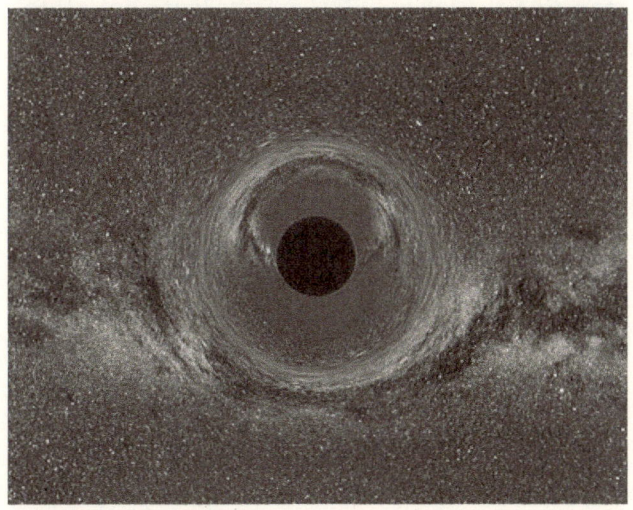

Bild 11: *Simulation eines nichtrotierenden Schwarzen Lochs von 10 Sonnenmassen, wie es aus einer Entfernung von 600 km aussähe. Die Milchstraße im Hintergrund erscheint durch die Gravitation des Schwarzen Lochs verzerrt und doppelt.*
Quelle: https://de.wikipedia.org/wiki/Schwarzes_Loch#/media/Datei:Black_Hole_Milkyway.jpg; CC BY-SA 2.5; Ute Kraus, Tempolimit Lichtgeschwindigkeit, (Milchstraßenpanorama im Hintergrund: Axel Mellinger)

kann er zwar gerade noch davonkommen, wird aber eine sehr starke Ablenkung erfahren. Nun liegt es auf der Hand, dass es eine Situation gibt, bei der der Lichtstrahl nicht eingesogen wird, aber auch nicht mehr entkommt, sondern er gerät in eine Umlaufbahn um dieses Schwarze Loch. Diese Grenzsituation wird als **Ereignishorizont** bezeichnet. Alles, was sich dahinter ereignet, ist für uns nicht sichtbar, nicht messbar, physikalisch nicht fassbar – also der naturwissenschaftlichen Forschung nicht mehr zugänglich.

Bild 11 (aus Wikipedia „Schwarzes Loch") zeigt eine Computersimulation, die uns einen Blick auf ein Schwarzes Loch und seine Umgebung gewährt, wenn man die Situation aus 600 km Entfernung betrachtet. Das Licht all der sichtbaren Sterne wird dermaßen stark abgelenkt, dass wir keines der Sternbilder unserer Milchstraße wiedererkennen können.

4.2 Die mathematischen Dimensionen

Der zweite für unsere Betrachtungen grundlegende Begriff ist die **Dimension**. Die Dimension n gibt die Anzahl der Koordinatenachsen an, wodurch ein geometrischer Raum aufgespannt wird. **Bild 12** zeigt uns die Koordinatensysteme von $n = 0$ bis 4.

Dimension 0: Beginnen wir mit der Dimension Null. Was in der Grafik dargestellt ist, ist in Wirklichkeit gar

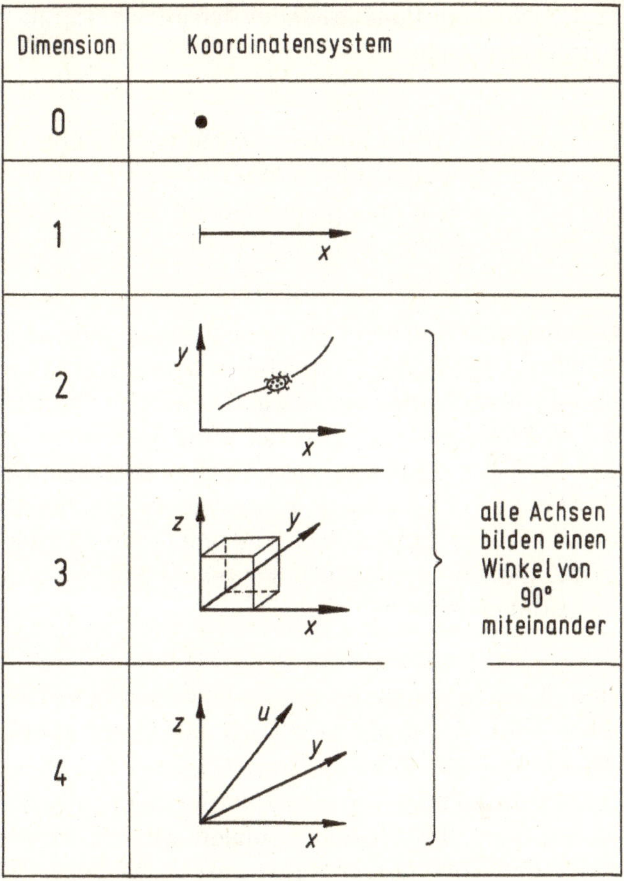
Dimension
Koordinatensystem
0
1
x
2
y
x
3
z
y
x
4
z
u
y
x
alle Achsen bilden einen Winkel von 90° miteinander

Bild 12: *Vier Koordinatensysteme mit eingezeichneten Körpern.*

kein Punkt, sondern ein Kreis. Ein Punkt ist so klein, dass man ihn überhaupt nicht zeichnen kann. Er hat nämlich die Ausdehnung Null – oder anders gesagt: Null Millimeter. Darum kann man einen Punkt auch nicht grafisch darstellen. Zuweilen behilft man sich damit, dass man zwei sich kreuzende Linien zeichnet und erklärt: Der Punkt befindet sich im Schnittpunkt der beiden Linien.

Dimension 1: Wenn wir nun diesen Punkt nehmen und ihn in eine ganz bestimmte Richtung bewegen, nämlich in x-Richtung, dann spannen wir damit die Koordinatenachse x auf.

Dimension 2: Nun nehmen wir noch eine zweite Achse hinzu, die y-Achse. Diese stellen wir senkrecht zur bereits bestehenden x-Achse und gewinnen dadurch ein xy-Koordinatensystem. Auf diese Weise haben wir zwei Dimensionen, eine Fläche, aufgespannt, und können uns nunmehr in zwei Richtungen bewegen. Mit den Angaben von Länge und Breite könnten damit die Abmessungen einer regelmäßigen Figur beschrieben werden.

Dimension 3: Wir ahnen es nun schon, wie es logisch weitergeht. Wir fügen jetzt noch eine dritte Achse, die z-Achse, ein. In dieses dreiachsige xyz-Koordinatensystem können wir einen Körper (hier: Würfel) einzeichnen, dessen Abmessungen wir mit Länge, Breite und Höhe beschreiben.

Dimension 4: Es stellt sich jetzt die Frage, können wir auch noch eine vierte Achse, die u-Achse, hinzufügen, womit wir uns dann in der vierten Dimension befinden würden? Aus der Sicht der Mathematik spricht nichts dagegen, aber gibt es auch eine solche Wirklichkeit? Die Bibel ist das Buch der Wahrheit in allen uns bewegenden Fragen. Kennt die Bibel wohl auch vier Dimensionen? In Epheser 3,16 stoßen wir auf eine Aussage, die genau zu unserem Thema passt:

> *„So könnt ihr mit allen Heiligen begreifen, welches die Breite und die Länge und die Höhe und die Tiefe ist."*

Im Zusammenhang dieses Verses geht es zwar um das Geheimnis der Gemeinde, aber doch wird hier etwas bezüglich eines Systems von vier Dimensionen angesprochen. Wir sehen also, die Bibel kennt das sehr wohl. Bemerkenswerterweise kommt eine vierte Dimension auch in der Bibel vor.

Wir können nun also – wie unten in **Bild 12** zu sehen – ohne weiteres eine vierte Achse einzeichnen, und das ist hier die u-Achse. Diese u-Achse steht senkrecht auf allen anderen drei Achsen in unserem xyzu-Koordinatensystem. Das Problem hierbei ist jedoch, dass unser Vorstellungsvermögen überfordert ist.

Regelmäßige Figuren in den verschiedenen Dimensionen

Um das Prinzip der Dimensionen etwas besser zu verstehen, wollen wir eine kleine Übungsaufgabe durchführen. Wir wollen einmal überlegen, wie wir zu regelmäßigen Figuren in den verschiedenen Dimensionen gelangen. Dazu betrachten wir **Bild 13**:

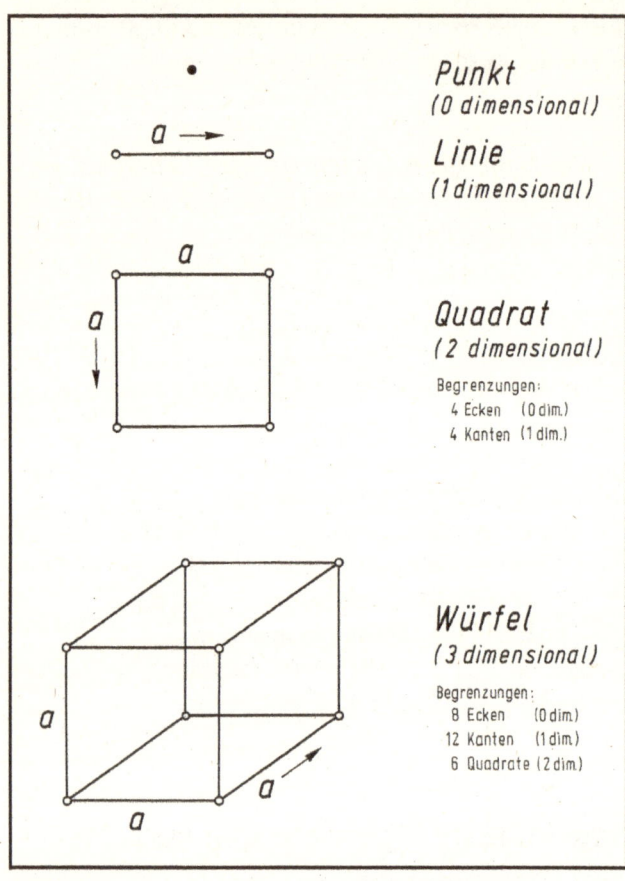

Bild 13: *Die Entstehung regelmäßiger Figuren in den Koordinatensystemen n = 1 bis 3.*

Dimension 1: Wir fragen zunächst: Wie kommen wir von der nullten in die 1. Dimension? Wir nehmen einen Punkt und bewegen ihn linear um den Betrag a in die 1. Dimension hinein. Auf diese Weise gewinnen wir eine Strecke von der Länge a. Diese **Strecke** ist eine regelmäßige Figur der 1. Dimension. Sie wird

begrenzt durch 2 Punkte, also 2 Elemente der nullten Dimension.

Dimension 2: Bewegen wir diese Strecke *a* nun
senkrecht zur ihrer eigenen Ausdehnungsrichtung
(x-Richtung), d. h. in y-Richtung, wiederum um den
Betrag *a*, dann kommen wir zu einer flächigen Figur
in der 2. Dimension. Da die Länge der Strecke, von
der wir ausgingen, den Betrag *a* hatte und der Ver-
schiebungsweg auch den Betrag *a* hat, haben wir
eine regelmäßige Figur der 2. Dimension erzeugt,
das ist ein **Quadrat**. Als Begrenzungselemente finden wir vier Ecken und 2 Kanten. Wir erkennen bereits: Die Begrenzungselemente der Figur in der neu
gewonnenen Dimension gehören immer zu allen darunterliegenden Dimensionen.

Dimension 3: Wie gelangen wir nun zu einer regelmäßigen Figur der dritten Dimension? Das Prinzip ist
bereits klar. Wir benutzen das soeben erzeugte Quadrat und schieben es um den Betrag *a* in die dritte
Dimension, also in Richtung z-Achse. Die regelmäßige Figur, die dadurch entsteht, ist ein **dreidimensio-
naler Würfel** mit der Kantenlänge *a*. Bei diesem Körper wird es schon problematisch, ihn in der Fläche
anschaulich darzustellen. Das ist nur noch als Projektion möglich. Aber unser Vorstellungsvermögen ist
noch in der Lage, ein in die Fläche hineinprojiziertes
dreidimensionales Gebilde zu erkennen.

Dimension 4: Jetzt stellt sich die Frage: Wie sieht
wohl ein regelmäßiger Körper in der vierten Dimension aus? Wir wenden stets dasselbe Prinzip an. Wir
nehmen die Ausgangsfigur der Dimension *n* und

schieben diese um den Betrag *a* längs der Koordinatenachse *n*+1. In diesem Falle benutzen wir den
Würfel der dritten Dimension und schieben ihn längs
der u-Achse in die vierte Dimension hinein. Wie dieser nunmehr 4-dimensionale Würfel aussieht, sehen wir in **Bild 14**. Präziser ausgedrückt ist es nicht
der Würfel selbst, sondern seine Projektion auf die
Ebene. Hätte man den vierdimensionalen Würfel
verfügbar und würde ihn mit einer Projektionslam-
pe anstrahlen, dann würde auf der Leinwand genau
dieses Bild zu sehen sein. Als Begrenzungselemente
hat der vierdimensionale Würfel 16 Ecken, 32 Kanten, 24 Quadrate und 8 Würfel der 3. Dimension.
Durch die Verschiebung des ursprünglichen Würfels
entsteht genau die doppelte Zahl von Eckpunkten.
Er hatte 8 Eckpunkte als Begrenzungselemente, und
durch die Verschiebung in die nächste Dimension
kommen noch einmal 8 hinzu. Bei der Vermehrung
der Kanten wird es ein bisschen komplizierter, aber
auch für deren Berechnung kann man noch leicht
eine mathematische Formel angeben (Kantenzahl
= $n \cdot 2^{n-1}$). Konnten wir uns beim dreidimensionalen
Würfel aufgrund der Projektion noch eine räumliche
Vorstellung von dem Körper machen, so ist das für
die vierte Dimension prinzipiell nicht mehr möglich.
Unser Gehirn vermag sich nur Dreidimensionales
vorzustellen.

Dimension 5: Natürlich haben wir jetzt die Neugier
geweckt und wollen wissen, wie mag wohl ein Würfel der fünften Dimension aussehen? Nach bewähr-
tem Prinzip nehmen wir den Würfel der vierten Dimension und schieben ihn um den Betrag *a* in die
fünfte Dimension hinein. Das Ergebnis sehen wir in

Bild 15. Auch hier ist es nicht der Würfel selbst, sondern seine Projektion in der Ebene.

Dimension 6: Schließlich wollen wir noch zum 6-dimensionalen Würfel kommen. So nehmen wir den soeben gewonnenen 5-dimensionalen Würfel und verschieben ihn um denselben Betrag a in die sechste Dimension hinein (**Bild 16**). Mit Hilfe der mathematischen Formel, die in **Bild 17** angegeben ist, lassen sich die Begrenzungselemente des 6-dimensionalen Würfels berechnen:

64 Ecken
192 Kanten
240 Quadrate
160 Würfel der 3. Dimension
60 Würfel der 4. Dimension
12 Würfel der 5. Dimension.

Wir erkennen, von Dimension zu Dimension wird es zunehmend komplizierter. Die Zahl der Begrenzungselemente in den Dimensionen 0 bis n nimmt rapide zu. Die Zahl der Eckpunkte (0-te Dimension) verdoppelt sich von Dimension zu Dimension. Bereits ab der vierten Dimension spürten wir, dass unser Gehirn bezüglich der räumlichen Vorstellung versagt. Es ist dreidimensional konstruiert und nur für dreidimensionales Denken gebaut. Und darum versagt jegliches Vorstellungsvermögen, wenn wir uns Gebilde mit mehr als drei Dimensionen ($n > 3$) veranschaulichen wollen. Um die Prinzipien besser zu verstehen, beschäftigen wir uns nun zunächst mit der zweiten Dimension.

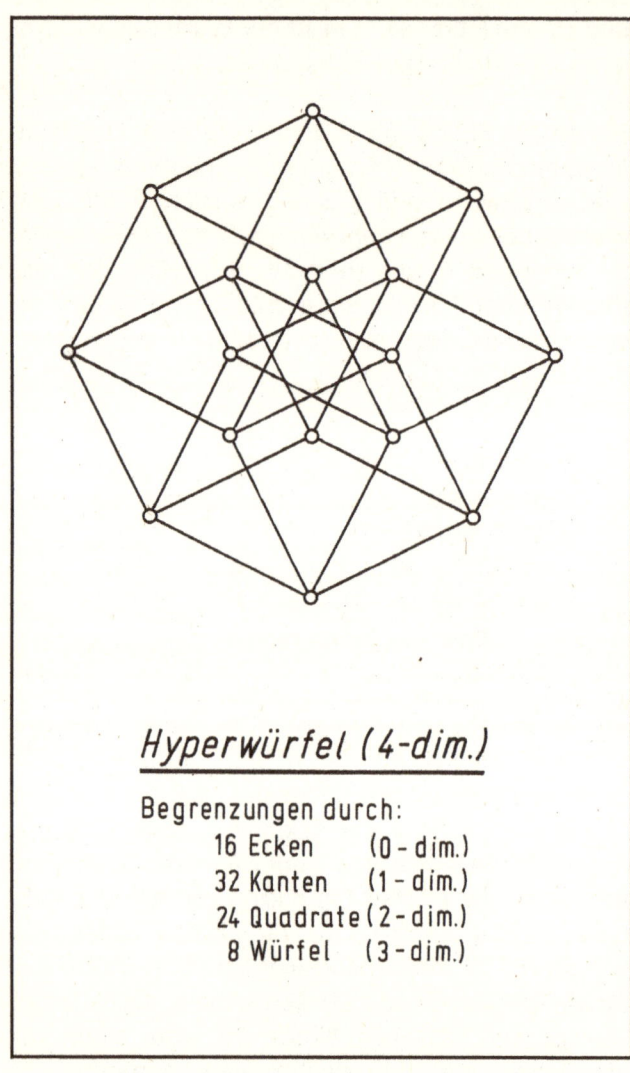

Hyperwürfel (4-dim.)

Begrenzungen durch:

16 Ecken   (0 - dim.)
32 Kanten   (1 - dim.)
24 Quadrate (2 - dim.)
8 Würfel   (3 - dim.)

Bild 14: *Die Projektion des vierdimensionalen Würfels in der Ebene.*

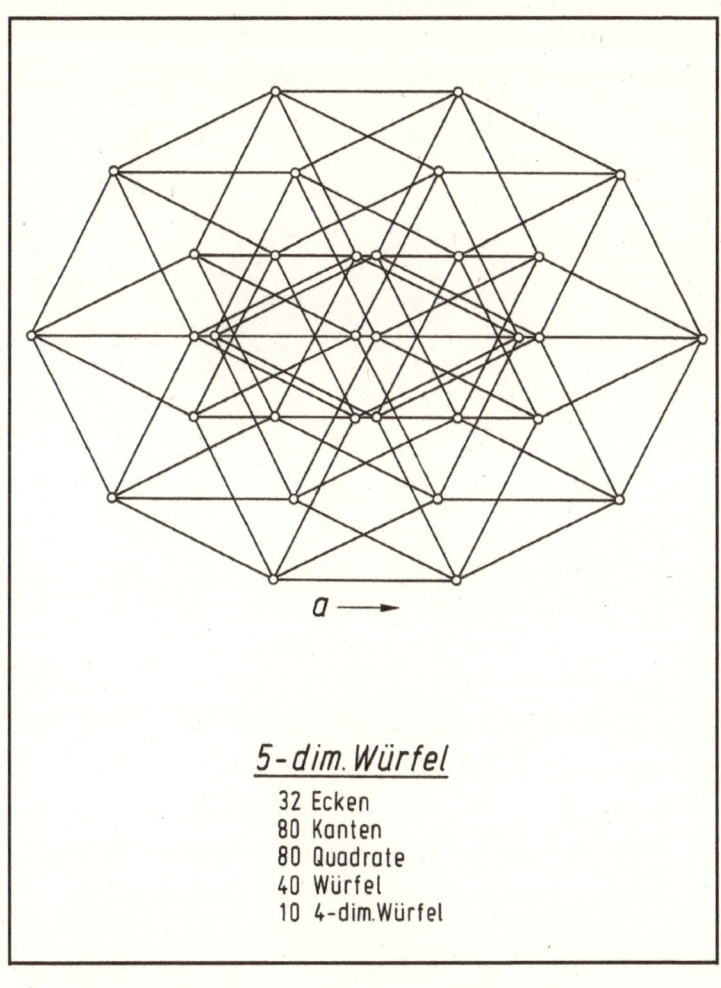

_a_ ——→

5-dim. Würfel

32 Ecken
80 Kanten
80 Quadrate
40 Würfel
10 4-dim. Würfel

Bild 15: _Die Projektion des fünfdimensionalen Würfels in der Ebene._

6-dim. Würfel

64 Ecken	160	Würfel
192 Kanten	60	4-dim. Würfel
240 Quadrate	12	5-dim. Würfel

Bild 16: *Die Projektion des sechsdimensionalen Würfels in der Ebene.*

Anzahl der Begrenzungselemente N und deren Dimension m

Dimension n	Figur	Begrenzungselemente: $m=0$ Ecken	$m=1$ Kanten	$m=2$ Quadrate	$m=3$ Würfel	$m=4$ 4dim. Würfel	$m=5$ 5dim. Würfel	$m=6$ 6dim. Würfel
0	Punkt	1						
1	Kante (Linie)	2	1					
2	Quadrat (Fläche)	4	4	1				
3	Würfel (Körper)	8	12	6	1			
4	4dim. Würfel	16	32	24	8	1		
5	5dim. Würfel	32	80	80	40	10	1	
6	6dim. Würfel	64	192	240	160	60	12	1
7	7dim. Würfel	128	448	672	560	280	84	14

Berechnung der Anzahl N der Begrenzungselemente von der Dimension m bei einem n-dimensionalen Körper mit Quadratbasis:

$$N_{m,n} = 2^{(n-m)} \cdot \frac{n!}{(n-m)! \, m!}$$

$$n! = 1 \cdot 2 \cdot 3 \cdots n$$

Bild 17: *Die Anzahl der Begrenzungselemente in den Dimensionen n = 1 bis 7.*

Flächenland

Wir betrachten einmal die zweite Dimension genauer. Aus der dritten Dimension kommend sind wir natürlich viel klüger als „die Leute" in der zweiten Dimension, denn wir verfügen über eine zusätzliche Dimension. Für unsere Überlegungen nehmen wir jetzt einmal an, es gäbe „Leute" in der zweiten Dimension – wir nennen sie darum Flächenleute.

Gemäß **Bild 18** zeichnen wir eine Rechteckfläche ABCD, in der wir fünf Flächenleute F_1, F_2, F_3, F_4 und F_5 annehmen. Wo in unserem Personalausweis in der Zeile *Größe* z. B. 180 cm eingetragen ist, steht bei ihnen allen 0 cm. Sie ragen nicht in die dritte Dimension hinein, sondern sind absolut flach. Wir unterstellen einmal, sie seien intelligente Wesen und kennen sich auch hervorragend in Mathematik aus.

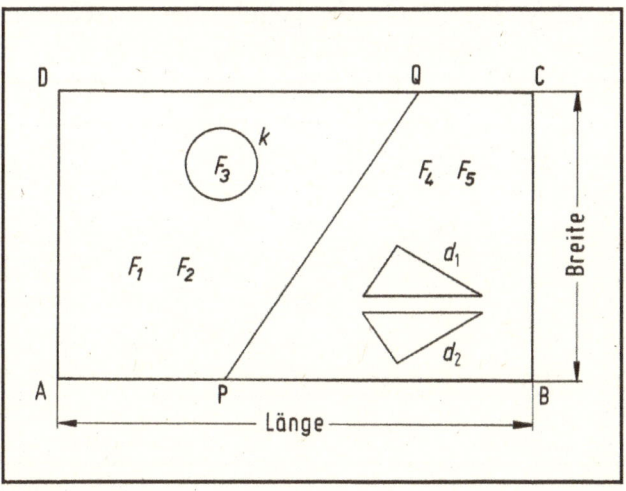

Bild 18: *Flächenland.*

Wird jemand von ihnen kriminell und wird zu einer Gefängnisstrafe verurteilt, so ist ein Knast schnell erbaut. Wir brauchten nur einen Kreis *k* um ihn herum zu zeichnen, und schon wäre er gefangen.

Nun stellen wir den Flächenleuten eine mathematische Aufgabe. In ihre Ebene zeichnen wir zwei gleichgroße Dreiecke d_1 und d_2 ein. Da ihre Winkel und Seitenlängen gleich sind, sprechen wir von kongruenten Dreiecken. Sie sind spiegelbildlich zueinander und darum deckungsgleich. Nun kommt unsere Frage: Kann man diese Dreiecke zur Deckung bringen? Als versierte Mathematiker stimmen sie sofort zu.

Darauf sagen wir, dann bringt die Dreiecke bitte zur Deckung. Sogleich beginnen sie mit der Aufgabe und schieben die Dreiecke in der Fläche hin und her, nach rechts und links. Nach einiger Zeit kommen sie und berichten uns: „Es müsste gehen, aber wir schaffen

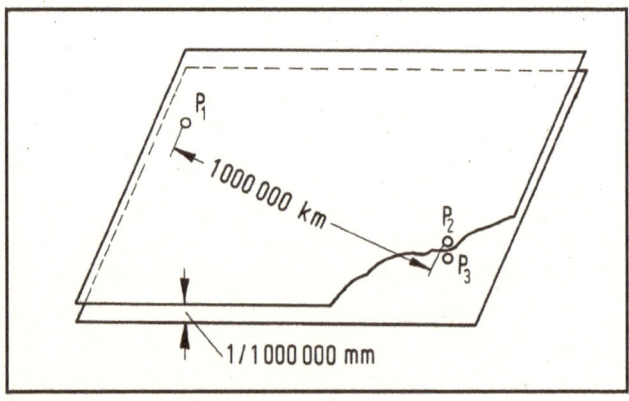

Bild 19: *Zwei eng benachbarte parallele Flächen.*

es nicht." Nun übernehmen wir die Aufgabe. Wir fassen das eine Dreieck an der Spitze, drehen es durch die dritte Dimension hindurch und legen es auf das andere. Unsere Beobachter aus der zweiten Dimension sehen nur das fertige Ergebnis. Sie würden sagen, „Das ist ein Wunder vor unseren Augen." Sehen wir das auch so? Wir haben ein Wunder vollbracht? Nein, wir haben etwas ganz Alltägliches getan, wir haben ein Dreieck gedreht. Was für uns ganz normal ist, war für die Flächenleute ein staunenswertes Wunder.

Ergeht es uns nicht genau so, wenn wir die Bibel lesen? Von Wundern ist immer dann die Rede, wenn Gott etwas tut, was wir mit unserem dreidimensionalen Verstand nicht begreifen können. Bei seinem Tun spricht er von Werken, für uns aber ist es ein Wunder.

Noch eine weitere Betrachtung ist interessant. In **Bild 19** sind zwei Flächen gezeichnet, die riesig groß sind. Sie sind parallel angeordnet und liegen sehr dicht beieinander mit einem Abstand von nur einem Millionstel Millimeter. Um den Abstand überhaupt wahrnehmen zu können, brauchen wir ein Mikroskop. In der oberen Fläche befinden sich die Personen P_1 und P_2. Direkt unter P_2, aber in der darunterliegenden Fläche, befindet sich P_3. Nun möchte P_2 gerne P_1 besuchen. Was macht er? Nun, er setzt sich in ein zweidimensionales Düsenauto, gibt ordentlich Gas und im Nu ist er bei P_1 angekommen, obwohl er einen Abstand von 1 000 000 km zurücklegen musste. Keine Frage, die Autos in der zweiten Dimension sind dort sehr schnell und so war der Besuch ohne weiteres möglich.

Aber wie ist es mit P_3? Dieser wohnt direkt in der Fläche darunter, und ist nur ein Millionstel Millimeter von P_2 entfernt? Ist ein solcher Besuch möglich? Nein, das ist völlig ausgeschlossen. Dazwischen liegt eine andere Dimension, und diese nächste Dimension stellt für ihn einen Ereignishorizont dar. Den kann er nicht überwinden! Was immer er auch tut – er kann sich diverse Geräte bauen, nichts wird es ihm erlauben, zu P_3 zu gelangen. P_2 kann auch P_3 nicht sehen, denn er vermag nicht in die dritte Dimension zu schauen. Diese bleibt für ihn trotz der unmittelbaren Nähe unsichtbar. Wenn P_2 ein Fernrohr nimmt, kann er P_1 sehr wohl sehen, denn sie befinden sich in derselben Dimension.

Für alle Gesetzmäßigkeiten, die in einer jeweiligen Dimension Gültigkeit haben, erweist sich die nächsthöhere Dimension als eine absolute Grenze. Nur die eigene Dimension n ist sichtbare Realität. Schon die nächst höhere Dimension ($n + 1$) gehört zu einer für n unsichtbaren Welt.

Das ist ein Wunder

Ereignisse in einem höherdimensionalen Raum werden von „Leuten" der niederen Dimension als Wunder wahrgenommen, so auch das Umklappen der Dreiecke, während es sich aus Sicht der höheren Dimension um ganz selbstverständliche Vorgänge handelt. Diese Gegenüberstellung wollen wir einfach festhalten: Wunder in der niederen Dimension sind reguläre Werke in der höheren Dimension.

Stellen wir uns einmal Folgendes vor: Wenn es im zweidimensionalen „Flächenland" aus der dritten Dimension heraus regnen würde, und dieses Wasser würde dann auch wieder verdunsten, dann wären das Phänomene, die die Leute dort rational absolut nicht erklären könnten. Mit ihren physikalischen Methoden und Erkenntnissen wäre das, was für uns ein selbstverständlicher Vorgang ist, weder voll erfassbar noch deutbar, es bliebe für sie ein unerklärbares Wunder.

5. Die Durchdringung

Nun wollen wir uns mit einer weiteren Eigenschaft aus dem Bereich der Dimensionen befassen. Stellen wir uns vor, eine Fläche QRST befindet sich in einem dreidimensionalen Würfel, wie in **Bild 20** dargestellt. Wir denken uns im Punkt G befindlich und können von hier aus die gesamte Fläche sehen. Alle Flächenleute in QRST könnten wir mit einem Blick erfassen. Aber können diese Leute in der Fläche uns auch sehen? Nein! Sie müssten ja in die nächste Dimension hineinschauen, und das ist ihnen verwehrt. Auch hier sehen wir wieder jene Grenze, die durch die nächste Dimension gegeben ist. Die nächste Di-

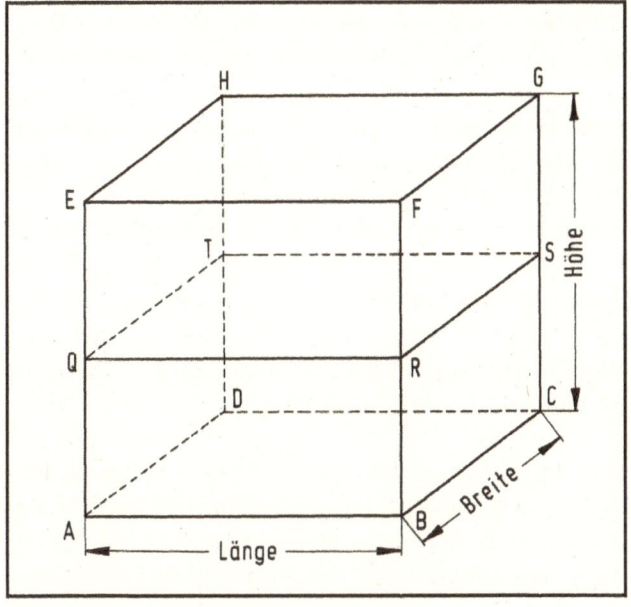

Bild 20: *Würfel mit eingeschlossener Fläche QRST.*

mension stellt, wie bereits gesagt, einen absoluten Ereignishorizont dar.

Gibt es diesen vielleicht auch in der Bibel? In 2. Chronik 16,9 wird gesagt:

„Denn des Herrn Augen schauen alle Lande, dass er stärke, die mit ganzem Herzen bei ihm sind."

Da ist keine Stelle ausgenommen. Egal in welchem Land oder gar Erdteil wir uns aufhalten – Gottes Augen entgeht nichts und niemand. Er sieht uns alle gleichzeitig. Selbst in einem Bergwerk 1000 Meter unter der Erde, im tiefsten Meer, auf dem Mond oder irgendwo im Weltall bleibt nichts vor ihm verborgen. Gott hat also Augen, die jeden beliebigen Punkt eines ganz beliebigen Raumes in irgendeiner Dimension sehen. Stellen wir uns vor, wir wären in der Mitte eines Betonwürfels von einem Kilometer Seitenlänge. Kein Mensch könnte uns dort sehen, und auch kein Handy könnte uns dort erreichen – aber Gott würde uns sehen! Seinen Augen entgeht nichts, er kann durch Beton und Eisen hindurchsehen. Gott hat Augen, die alles sehen, die alles erfassen und die keine Grenzen kennen. Das ist das, was uns das obige Wort lehrt. Für Gott gibt es keine Begrenzung durch irgendeinen Ereignishorizont.

Der dreidimensionale Raum eines Würfels durchdringt die in ihm enthaltenen Teilflächen vollständig. Aus der Sicht der niederen Dimension ist eine Abbildung der höheren Dimension nur in der Projektion

möglich, wie es die verschiedenen Würfeldarstellun-
gen zeigen.
Dies bedeutet auch, dass es für die Leute aus der 2.
Dimension gegenüber uns in der 3. Dimension kein
Verstecken gibt, denn wir können ständig ihre Position in der Fläche ausmachen. Jeder Punkt der Fläche
ist uns sichtbar.

6. Eingriffe aus höheren Dimensionen

Wollte man die Leute aus ihrer 2-dimensionalen Ebene in die 3. Dimension überführen, wäre das für uns kein Problem. Die zurückgebliebenen Flächenleute wären damit jedoch hoffnungslos überfordert. Nach ihrer zweidimensionalen naturwissenschaftlichen Erkenntnis ist so etwas nicht möglich, und es käme einer „Entrückung" gleich.

Schere im Bauch einer Frau: In unserer „Braunschweiger Zeitung" vom 02.10.1992 wurde berichtet (**Bild 21**), dass eine Patientin lange nach einer Bauchoperation immer noch über Schmerzen klagte.

Die Frau war operiert worden, und die Ärzte hatten vor dem Schließen der Bauchwand die verwendete Schere übersehen. Die Patientin klagte jahrelang über quälende Schmerzen. Erst nach vielen Arztbesuchen wurde eine Röntgenaufnahme gemacht. Dabei entdeckte man sofort den Übeltäter, nämlich das 18 cm lange Instrument zwischen Magen und Rückgrat. Was ist zu tun? Wie kann man die Schere entfernen? Nun, für einen dreidimensionalen Arzt gibt es nur eine Möglichkeit. Der Bauch muss hierfür noch einmal aufgeschnitten werden. Das Oberlandesgericht Nürnberg und die Versicherungsgesellschaften der beiden Ärzte einigten sich in einem Vergleich auf ein Schmerzensgeld von 100 000 DM (entsprechend etwa 50 000 Euro).

Machen wir noch einmal ein Gedankenexperiment. Wie würde ein 4-dimensionaler Arzt agieren? Nun, er würde die Schere durch die Bauchdecke ergreifen und längs der vierten Dimension herausziehen. Das ginge völlig problem- und schmerzlos.

Wir sehen mit diesem Kenntnisstand einmal die Wunderheilungen durch Jesus näher an, die uns im Neuen Testament berichtet sind, dann wird uns das bisher Erarbeitete zumindest zu einer Verstehenshilfe. Die spontanen Heilungen an kranken Personen geschahen durch Eingriffe aus einer höheren Dimension, zu denen Jesus durch Gott bevollmächtigt wurde. Das sind Wirkungen, die wir nur als Wunder bezeichnen können.

BZ vom 02.10.92   **Seite 3**

Schere im Bauch vergessen: 100 000 Mark

NÜRNBERG (dpa) 100 000 Mark Schmerzensgeld erhält eine 58jährige Frau, in deren Bauch bei einer Operation in den siebziger Jahren eine Schere vergessen worden war.

Auf diesen Vergleich einigten sich vor dem Oberlandesgericht Nürnberg die Versicherungsgesellschaften der beiden Ärzte, die für den Operationsfehler in Frage kommen. Sie zahlen der Klägerin jeweils 50 000 Mark.

Die Patientin hatte über ein Jahrzehnt lang unter quälenden Schmerzen gelitten. Erst im November 1989 war nach mehr als 500 Arztbesuchen beim Röntgen das 18 Zentimeter lange Instrument zwischen Magen und Rückgrat entdeckt worden.

Im Nachhinein ließ sich jedoch nicht mehr aufklären, ob das Instrument von einem Eingriff aus dem Jahr 1976 in einer Nürnberger Klinik oder von einer Operation 1979 an einem anderen Krankenhaus stammte.

Bild 21: *Bericht aus der Braunschweiger Zeitung vom 02.10.1992. Bei einer Patientin hatte man nach der Operation ein Schere im Bauch versehentlich belassen.*

7. Gottes Gegenwart kennt keine Grenzen

Was haben höhere Dimensionen und biblische Aussagen gemeinsam? Besteht da vielleicht eine Analogie?

Wir haben erkannt, dass die höhere Dimension alle darunterliegenden Dimensionen vollständig umgibt. Die Fläche innerhalb eines dreidimensionalen Würfels wird vollständig von der dritten Dimension umgeben. Tatsächlich wird in Psalm 139 bestätigt, dass wir 3-dimensionalen Menschen stets und überall von einer höheren Dimension eingehüllt sind.

„Ich gehe oder liege, so bist du um mich, und siehst alle meine Wege... Von allen Seiten umgibst du mich und hältst deine Hand über mir" (Psalm 139,3+5).

Gott ist es, der uns diese Zusage macht. So steht es auch in der Bibel eines Amerikaners, eines Australiers, eines Japaners oder eines Schweden. An welchem Ort der Erde wir auch leben, wir können uns darauf verlassen, dass Gott uns auch dort umgibt. Und wenn wir auf dem Mond wären, und dort dieses Wort der Bibel lesen würden, es wäre auch dort gültig. Unabhängig von unserem Aufenthaltsort gilt die Zusage Gottes: „Ich umgebe dich von allen Seiten!"

Wie kann das geschehen? Wie kann es möglich sein, dass Gott gleichzeitig in New York, auf dem Mond, in Sydney, also überall, sein kann? Mit höheren Dimensionen wird das erklärlich. Gott ist in einer höheren

Dimension und damit ist ihm alles in der dritten Dimension gleichzeitig zugänglich.

Bei unseren Überlegungen bezüglich der Flächenleute haben wir erkannt, dass wir sie im Blick haben, selbst wenn sie in einem Gefängnis eingesperrt wären. Wir könnten sie dennoch sehen. So heißt es auch in unserem Verhältnis zu Gott:

> *„Wohin soll ich gehen vor deinem Geist, und wohin soll ich fliehen vor deinem Angesicht? Führe ich gen Himmel, so bist du da; bettete ich mich bei den Toten, siehe, so bist du auch da. Nähme ich Flügel der Morgenröte und bliebe am äußersten Meer, so würde auch dort deine Hand mich führen und deine Rechte mich halten"* (Psalm 139,7-10).

Wo immer wir auch hingehen, ist das nicht wunderbar, Gott hat uns stets im Blick. Jona hatte versucht, vor Gott zu fliehen, aber es gelang ihm nicht. Und auch wir können vor Gott nicht fliehen. Er weiß in jedem Moment, wo wir gerade sind! Wenn wir in einem Flugzeug in 10 000 Meter Höhe fliegen, wäre auch dort der Herr bei uns und wir könnten mit ihm reden. Diese „Flügel der Morgenröte" deute ich als die Tragflächen unserer Düsenjets.

Bei dem Propheten Obadja im Alten Testament steht im vierten Vers ein bemerkenswerter Satz, den wir zu Recht als den Astronautenvers bezeichnen können:

> *„Wenn du auch in die Höhe führest wie ein Adler und machtest dein Nest zwischen den Sternen,*

dennoch will ich dich von dort herunterstürzen, spricht der Herr."

Wir sind in der Lage, Raumstationen zu bauen, die um die Erde kreisen. Hüten wir uns vor Hochmut, dass wir behaupten könnten: „Es gibt keinen Gott!" Der Urheber des Universums lässt uns jetzt schon im prophetischen Wort wissen, wie seine Antwort darauf sein würde: „Ich werde dich von dort herunterholen. Ich bin der Herr über alle Dinge. Wie konntet ihr nur so denken, mich zu ignorieren?"

Die Räume der verschiedenen Dimensionen sind ineinander verwoben. Die dritte Dimension liegt innerhalb der vierten, und die vierte Dimension ist wiederum in der fünften enthalten. Allgemein können wir es so formulieren: Alle Dimensionen von 0 bis n-1 sind im Raum der Dimension n als Untermenge enthalten. Darum konnte Paulus auf dem Areopag in Apostelgeschichte 17,28 sagen:

„Denn in ihm leben, weben und sind wir."

Gott ist also nicht irgendwo lokalisierbar, auf dem Mond oder im Universum, sondern Gott ist hier, er durchdringt alles; es gibt keine Koordinaten in diesem Raum, in dieser Welt, wo Gott nicht auch gegenwärtig ist. Und darum sind wir, egal wo, immer auch in Gott. Er ist uns nicht ferne, weil wir in ihm leben.

In Jeremia 23,23 lesen wir:

„Bin ich nur ein Gott, der nahe ist, spricht der HERR, und nicht auch ein Gott, der ferne ist? Meinst du, dass sich jemand so heimlich verbergen könne, dass ich ihn nicht sehe?"

Es gibt weder einen Ort auf dieser Erde noch eine Stelle im Universum, wo wir uns verstecken könnten, dass Gott uns dort nicht sehen und erkennen könnte. Ja, Gottes Gegenwart reicht auch über unser Universum, und damit über unsere 3. Dimension hinaus, wie beispielsweise in 1. Könige 8,27 im Gebet Salomos nach der Fertigstellung des Tempels nachzulesen ist:

„Denn sollte Gott wirklich auf Erden wohnen? Siehe, der Himmel und aller Himmel Himmel können dich nicht fassen – wie sollte es dies Haus tun, das ich gebaut habe?"

Dieses Nahesein Gottes und des Herrn Jesus und Erfülltsein mit seiner Gegenwart zeigt uns die Bibel an mehreren Stellen, z. B. in Matthäus 28,20:

„Siehe, ich bin bei euch alle Tage!"

Das ist nicht nur zeitlich zu verstehen, sondern auch räumlich. Wo immer wir uns gerade befinden, da ist der Herr am selben Ort. Seine Allgegenwart wird auch in Matthäus 18,20 deutlich:

„Wo zwei oder drei versammelt sind in meinem Namen, da bin ich mitten unter ihnen."

8. Der Schöpfer aller Dinge

Wir haben bereits darüber gesprochen, dass die höheren Dimensionen für uns unsichtbar sind, und davon lesen wir auch in Kolosser 1,16, wo es von Jesus Christus heißt:

„Denn in ihm" – in Jesus Christus – „ist alles geschaffen, was im Himmel und auf Erden ist, das Sichtbare und das Unsichtbare, es seien Throne oder Herrschaften oder Mächte oder Gewalten; es ist alles durch ihn und zu ihm geschaffen."

Hier wird uns gesagt, dass Jesus Christus der Urheber aller Dinge ist. Im ersten Kapitel der Bibel heißt es: *„Am Anfang schuf Gott Himmel und Erde"* (1. Mose 1,1). Für Gott steht im Hebräischen das Wort „Elohim", und das ist ein Pluralwort. Damit wird schon gesagt, dass nicht ein Einzelner alles geschaffen hat, sondern es war ein Gemeinschaftswerk. Unter Zuhilfenahme des Neuen Testaments können wir es wie folgt ausdrücken: Gott, der Vater, hat seinen Sohn als Schöpfer eingesetzt. In Sprüche 8,23+30 lesen wir die Formulierung:

„Ich bin eingesetzt von Ewigkeit her, im Anfang, ehe die Welt war... Da war ich (= Jesus) der Werkmeister bei ihm (= Gott)."

Im Alten Testament ist die Schöpfertätigkeit noch nicht vollständig offenbart. Erst im Neuen Testament wird uns gesagt, dass alles durch Jesus gemacht ist.

Er hat nicht nur die für uns sichtbare Welt geschaffen und alles, was wir mit Mikroskopen und Teleskopen ergründen können, sondern auch jene Dimensionen, die für uns noch unsichtbar sind. Alles, was es dort gibt – Throne oder Herrschaften oder Reiche – alles ist durch Jesus im Auftrag des Vaters gemacht worden. Er ist also der Urheber aller Dinge und allen Lebens – vom einzelnen Atom angefangen bis zu den Galaxien in den Weiten unseres Universums, vom Einzeller über die gesamte Pflanzen- und Tierwelt bis zum Menschen. Das heißt, Sie und ich sind mit einbegriffen. Niemand ist hier zufällig auf dieser Erde, sondern Er hat uns gewollt, und er hat uns gemacht. Jesus Christus ist unser aller Urheber!

9. Keine Dimension kann Gott fassen

Keine Dimension, so sagt es uns die Bibel, ist in der Lage, Gott zu fassen. Weder die vierte Dimension noch die fünfte noch irgendeine andere. Und das lesen wir in 1. Könige 8,27, wo es vordergründig um den Tempel in Jerusalem geht:

„Aber sollte Gott wirklich auf Erden wohnen? Siehe, der Himmel und aller Himmel Himmel können dich nicht fassen – wie sollte es dann dies Haus tun, das ich gebaut habe?"

Natürlich hat Gott versprochen, auch im Tempel gegenwärtig zu sein, aber der Tempel reicht nicht aus, um die Fülle Gottes zu fassen. Aus diesem Grunde heißt es im 1. Gebot in 2. Mose 20,2+4:

„Ich bin der Herr, dein Gott... Du sollst dir kein Bildnis noch irgendein Gleichnis machen, weder von dem, was oben im Himmel, noch von dem, was unten auf Erden, noch von dem, was im Wasser unter der Erde ist."

Das bedeutet, dass jede bildliche Vorstellung, die wir uns von Gott machen, schon von vornherein dazu verurteilt ist, falsch zu sein. Was ist der Grund? Nun, unsere Gottesvorstellungen sind nur dreidimensional. Gottes Fülle ist jedoch in dieser Begrenzung nicht fassbar. Gott lässt sich nicht in irgendwelchen Räumen, die wir uns vorstellen können, darstellen, beschreiben oder abbilden. Ein Ereignishorizont setzt unserem Erkennen eine Grenze. Gott ist überräumlich! Die Dimensionen seines göttlichen Wesens sind in den Raumgebundenheiten unseres Denkens nicht darstell- oder einfangbar.

Dennoch können wir Gott deutlich wahrnehmen:

> *„Denn Gottes unsichtbares Wesen, das ist seine ewige Kraft und Gottheit, wird seit der Schöpfung der Welt ersehen aus seinen Werken, wenn man sie wahrnimmt, so dass sie keine Entschuldigung haben."*

So steht es in Römer 1,20. Gott ist zwar mit dem Verstand nicht fassbar, aber dennoch erkennen wir seine Allmacht und Größe, die seit Beginn der Zeitgeschichte an dem Ideenreichtum in seiner Schöpfung erkennbar sind.

Sixtinische Kapelle

Im Auftrag von Papst *Sixtus IV.* wurde zwischen 1473 und 1481 von *Giovanni Di Dolce* die Sixtinische Kapelle erbaut und nach ihm benannt. Hier findet auch das Konklave, die geheime Versammlung der Kardinäle statt, bei der der jeweils neue Papst gewählt wird. Im Jahr 1508 entschied Papst *Julius II.* die Neugestaltung der Decke, die bis dahin blau mit goldenen Sternen bemalt war. An *Michelangelo* erging der Auftrag, das Deckenfresko zu erstellen, das den Namen „Die Schöpfung" bekam (**Bild 22**).

In diesem berühmten Gemälde wird Gott als ein alter grauhaariger Mann mit einem langen weißen Bart dargestellt, der hier offenbar Adam, den ersten Menschen, erschafft. Wie wir aus dem zuvor Gelesenen sehen, ist es schon vom Prinzip her falsch, Gott bildlich darzustellen. Unser 3-dimensionaler Verstand kann ihn nicht fassen. Diese Mühe will uns Gott schon mit dem 2. Gebot ersparen: *„Du sollst dir kein Bildnis noch irgendein Gleichnis machen ..."* (2. Mose 20,4).

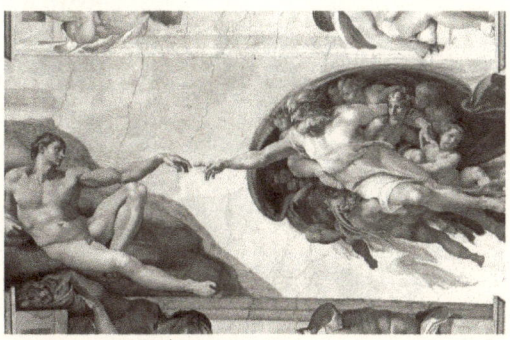

Bild 22: *Deckengemälde in der Sixtinischen Kapelle des Vatikans.*

10. Biblische Beispiele für die Überwindung von Ereignishorizonten

Die Bibel ist voller Beispiele, wie Ereignishorizonte zeitweise überwunden wurden.

10.1 Die Steinigung des Stephanus

Stephanus war der erste Jünger Jesu, der wegen seines Glaubens vor den Toren Jerusalems gesteinigt wurde. Als die Steine auf ihn prasselten, tat Gott ein besonderes Wunder. Davon ist berichtet in Apostelgeschichte 7,55-56:

> *„Er aber, voll heiligen Geistes, sah auf zum Himmel und sah die Herrlichkeit Gottes und Jesus stehen zur Rechten Gottes und sprach: Siehe, ich sehe den Himmel offen und den Menschensohn zur Rechten Gottes stehen."*

Wo sah er den Himmel? Vor den Toren Jerusalems – also von einem irdischen Beobachtungsort aus! Die Steine gingen noch auf ihn nieder, da zieht Gott die Gardine des Ereignishorizontes beiseite und gewährt dem Stephanus einen direkten Blick in den Himmel. Der Himmel ist also nicht irgendwo jenseits des Universums, sondern mitten unter uns – jedoch in einer anderen Dimension! In der Bibel wird berichtet, dass Jesus zur Rechten Gottes „sitzt". Nur hier heißt es, dass er zur Rechten Gottes „steht". Vielleicht können wir dieses als eine Art Geste des Mitleidens und der Anerkennung verstehen, dass hier der erste Märtyrer in seinem Namen stirbt. Wir dürfen gewiss sein, dass viele andere Zeugen Jesu, die mutig für ihn in den Tod gingen, Ähnliches erlebt haben. Wenn Jesus verspricht *„Siehe, ich bin bei euch!"* (Matthäus 28,20), dann können wir uns wirklich darauf verlassen.

10.2 Die Befreiung des Petrus aus dem Gefängnis

Als eine weitere Überwindung unseres Ereignishorizontes — anders können wir das gar nicht deuten — lesen wir in Apostelgeschichte 12,4-6 von der Befreiung des Petrus aus dem Gefängnis:

> *„Als er (Herodes) ihn nun ergriffen hatte, warf er ihn (Petrus) ins Gefängnis und überantwortete ihn vier Wachen von je vier Soldaten, ihn zu bewachen... So wurde nun Petrus im Gefängnis festgehalten; aber die Gemeinde betete ohne Aufhören für ihn zu Gott. Und in jener Nacht, als ihn Herodes vorführen lassen wollte, schlief Petrus zwischen zwei Soldaten, mit zwei Ketten gefesselt, und die Wachen vor der Tür bewachten das Gefängnis."*

Das alles geschah noch innerhalb unserer Dimension. Also 16 Soldaten waren eingesetzt, um Petrus gefangen zu halten. Man ahnte wohl schon, hier könnten außergewöhnliche Dinge geschehen. Diesen Mann müssen wir in besonderer Weise bewachen, damit der uns nicht entkommt. Aber es war nur dreidimensional gedacht. In jener Nacht, als Herodes ihn vorführen lassen wollte, schlief Petrus zwischen zwei Soldaten mit zwei Ketten gefesselt, und die Wachen vor der Gefängnistür achteten darauf, dass nichts passieren konnte. Nun war man sich absolut sicher, Petrus kann hier nicht entkommen. Sie hatten jedoch nicht mit Gottes Eingreifen gerechnet. Was nun geschah, ist mit unserer Logik nicht nachzuvollziehen und zu verstehen:

„Und siehe, der Engel des Herrn kam herein, und Licht leuchtete auf in dem Raum, und er stieß Petrus in die Seite und weckte ihn und sprach: Steh schnell auf! Und die Ketten fielen ihm von seinen Händen" (Vers 7).

Aus der Sicht des Herodes war alles absolut abgesichert, also dreidimensional vollkommen „dicht". Da konnte gar nichts schiefgehen. Möglicherweise waren die Ketten sogar im Mauerwerk verankert, so dass kein Entkommen möglich war. Für unsere Dimension war die Grenze erreicht – aber nicht für die höhere Dimension! Da konnten die Ketten und Handschellen einfach abfallen, und die Türen öffneten sich. Damit war Petrus befreit, und niemand konnte ihn halten.

10.3 Entrückungen

Die Bibel spricht mehrfach von Entrückungen aus unserer Dimension, um in die Welt Gottes zu gelangen. Drei Beispiele seien hier herausgegriffen:

1. Henoch: Bei unseren Überlegungen zu den mathematischen Dimensionen hatten wir das Entrücken (oder Wegnehmen aus der Dimension) bereits angesprochen. Zwischen der 2. und unserer Dimension erschien uns das durchaus vorstellbar. Schon zu alttestamentlicher Zeit widerfuhr Henoch dieses besondere Geschehen:

> *„Und weil er (= Henoch) mit Gott wandelte, nahm ihn Gott hinweg, und er ward nicht mehr gesehen"* (1. Mose 5,24).

Hier ist es präzise beschrieben, wie es sich auswirkt, wenn jemand aus unserer Dimension in eine andere übernommen wird. Er ist von einem Moment auf den anderen einfach nicht mehr zu sehen. Gott brauchte ihn ja nur um ein tausendstel Millimeter oder noch weniger zu verschieben, um ihn aus der dritten Dimension herauszunehmen. Sofort war er für uns unsichtbar. Er musste nicht erst irgendwo hinfliegen, sondern er wurde einfach in die nächste Dimension hineingenommen. Und in dem Augenblick war er bereits in unserer Dimension unsichtbar geworden.

2. Elia: Bei der Entrückung des Elia geschah Ähnliches. Darüber berichtet die Bibel wie folgt:

„Und als sie miteinander gingen und redeten, siehe, da kam ein feuriger Wagen mit feurigen Rossen, die schieden die beiden voneinander. Und Elia fuhr im Wetter gen Himmel. Elisa aber sah es und schrie: Mein Vater, mein Vater, du Wagen Israels und sein Gespann! Und sah ihn nicht mehr" (2. Könige 2,11-12).

Elia fuhr im Wetter gen Himmel – das war das Letzte, was Elisa noch sehen konnte; dann war Elia seinen Augen entschwunden. Er war hinübergewechselt in die andere für uns unsichtbare Dimension. Gott hat viele Möglichkeiten. Henoch wurde einfach in die höhere Dimension hineingehoben. Bei Elia waren es feurige Rosse, die beim Übergang in die höhere Dimension eine Rolle spielten.

3. Entrückung der Gläubigen: Das Neue Testament berichtet uns, dass eine Entrückung derjenigen geschehen wird, die an den Herrn Jesus glauben. Paulus beschreibt das in 1. Thessalonicher 4,16-17:

„Denn er selbst, der Herr, wird, wenn der Befehl ertönt, wenn die Stimme des Erzengels und die Posaune Gottes erschallen, herabkommen vom Himmel, und zuerst werden die Toten, die in Christus gestorben sind, auferstehen. Danach werden wir, die wir leben und übrigbleiben, zugleich mit ihnen entrückt werden auf den Wolken in die Luft, dem Herrn entgegen; und so werden wir bei dem Herrn sein allezeit."

Wir werden einfach hinübergeführt in die andere Dimension, in die Welt Gottes hinein. Das ist kein Flug zu den Sternen oder zum Mond, auch nicht in eine Satellitenbahn um die Erde herum. Wir werden hineingenommen in die nächste Dimension, die uns hier während unserer Zeit auf der Erde noch verschlossen ist, dann aber auf ewig geöffnet wird.

10.4 Erscheinung von Engeln

Auch die Erscheinung von Engeln, wovon wir in der Bibel im Alten wie im Neuen Testament lesen, ist immer ein Sichtbarwerden aus der anderen Dimension heraus in unsere Dimension. Den wohl bekanntesten Bericht finden wir in der Weihnachtsgeschichte in Lukas 2,9-11:

> *„Und der Engel des Herrn trat zu den Hirten, und die Klarheit des Herrn leuchtete um sie; und sie fürchteten sich sehr. Und der Engel sprach zu ihnen: Fürchtet euch nicht! Siehe, ich verkündige euch große Freude, die allem Volk widerfahren wird: denn euch ist heute der Heiland geboren, welcher ist Christus, der Herr, in der Stadt Davids."*

Das muss für die Hirten ein gewaltiges Ereignis gewesen sein. Während sie des Nachts bei ihrer Schafherde waren, geschah etwas ganz Außergewöhnliches: Eine Engelschar erschien plötzlich in der Einöde. Große Angst überfiel die Hirten, und sie erschraken sehr. Was ist los? Was passiert mit uns? Aber gleich im ersten Satz, den der Engel sprach, beruhigte er die Hirten: *„Fürchtet euch nicht!"* Dann folgte die beste Botschaft, die je der Welt gesagt wurde: *„Euch ist heute der Heiland geboren!"* Damit verkündigte er ihnen: Es gibt einen Retter für jeden Menschen, der es nur will. In dieser Nacht kam erstmals ein Gott in diese Welt. Es ist der Sohn eures Gottes Jahwe. Er wurde gerade in euerm Wohnort Bethlehem geboren. Sein Name ist Jesus!

10.5 Die Auferstehung Jesu

Ein ganz besonderes Ereignis in Raum und Zeit ist die Auferstehung Jesu Christi von den Toten. Dieses einmalige Geschehen ist die Grundlage unseres Glaubens. Hätte es die Auferstehung Jesu nicht gegeben, dann wäre unser Glaube wertlos. Dann wären wir noch in unseren Sünden und somit der ewigen Verlorenheit preisgegeben. Aber Jesus hat den Tod überwunden, und sein Sieg wird damit auch zu unserem Sieg:

„Der Tod ist verschlungen vom Sieg. Tod, wo ist dein Sieg? Hölle, wo ist dein Stachel? ... Gott aber sei Dank, der uns den Sieg gibt durch unsern Herrn Jesus Christus" (1. Korinther 15,54b+55+57).

Nach seiner Auferstehung ist der Leib Jesu nicht mehr mit unserem Leib vergleichbar. Er war nicht mehr an die 3. Dimension gebunden, sondern er konnte nach Belieben in unserer Dimension erscheinen[8] und wieder in die göttliche hinüberwechseln.

Der deutsche Philosoph *Martin Heidegger* (1889-1976), der nicht vom Glauben her argumentierte, stellte dennoch fest:

> *„Ist Jesus von Nazareth von den Toten auferstanden, dann ist jede naturwissenschaftliche Erkenntnis vorletztlich."*

Mit anderen Worten: Wenn das wirklich stimmt, dass Jesus von den Toten auferstanden ist, dann ist all das, was wir denken und an wissenschaftlichen Erkenntnissen zusammentragen, niemals der Weisheit letzter Schluss. Unsere naturwissenschaftliche Forschung befasst sich lediglich mit einer kleinen Untermenge der Gesamtwirklichkeit. Wir sollen dennoch diese Welt erforschen; das ist ein Auftrag Gottes – *„machet euch die Erde untertan"* (1. Mose 1,28). Aber alle unsere Erkenntnis bleibt begrenzt. Das erkannte auch *Martin Heidegger*.

Im Neuen Testament wird uns 15-mal von Augenzeugen berichtet, die wie sie den Auferstandenen und

---

8
Auch vor seiner Auferstehung konnte Jesus plötzlich an einem Ort erscheinen, ohne erst dorthin zu wandern. Das geschah aber nur vereinzelt. Beispiel: Johannes 6,16-21

Lebenden gesehen haben[9]. Der auferstandene Jesus konnte sich einfach aus der anderen Dimension für die Zeugen sichtbar machen. Davon greifen wir hier vier Ereignisse heraus, um sie zu kommentieren.

1. Maria Magdalena: Die erste Zeugin der Auferstehung Jesu war Maria Magdalena (Johannes 20,1-18). Schon sehr früh am Ostersonntag hatte sie sich auf den Weg zum Grab gemacht. Im Garten angekommen, wo sich Jesu Grab befand, erschrak sie. Wer hatte den schweren Stein vor der Graböffnung weggerollt? Das Grab war leer. Große Angst überfiel sie, und sie lief zu der Herberge, wo Petrus und Johannes sich aufhielten. Diese machten sich sofort auf den Weg zum Grab. Johannes kam völlig außer Atem als Erster an, danach Petrus. Maria Magdalena lag weit hinter Petrus zurück. Johannes näherte sich dem Grab, ohne jedoch hineinzugehen, er sah, dass dort in dem leeren Grab nur Leinentücher lagen. Als Maria Magdalena das Grab erreicht hatte, waren Petrus und Johannes schon weg. Sie ging in das Grab hinein und stellte mit Entsetzen fest, dass das Grab leer war. Plötzlich sah sie zwei weiß gekleidete Engel, dort wo Jesus gelegen hatte; einen am Kopfende, den anderen am Fußende. Diese fragten: *„Warum weinst du?"* Sie antwortete unter Tränen: *„Sie haben meinen Herrn weggenommen, und ich weiß nicht, wo sie ihn hingelegt haben"* (Johannes 20,13).

Als Maria sich umdrehte, sah sie plötzlich einen Mann vor sich stehen. Es war Jesus, aber sie nahm

9
W. Gitt: „Wahn oder Wirklichkeit? Die Auferstehung Jesu Christi", Kleinschrift der Bruderhand Wienhausen, 4. Auflage 2019, S. 3-4.

an, er sei der Gärtner, als dieser fragte: *„Warum weinst du? Wen suchst du?"* (Johannes 20,15). Auch seine Stimme kannte sie zunächst nicht. *„Hast du ihn weggenommen? Sag mir doch, wo er ist!"*, erkundigte sie sich. Daraufhin redete er sie mit ihrem Namen an: *„Maria!"* Das ging ihr durchs Herz. Nie hatte jemand ihren Namen derart ausgesprochen. Nie zuvor hatte jemand die Anrede so feinsinnig artikuliert wie er. Nun war es ganz klar, wer vor ihr stand. Es war Jesus, der von den Toten auferstanden ist. Sie wurde dadurch zur ersten Zeugin der Auferstehung Jesu.

2. Am Abend des Ostersonntags: Verschlossene Türen, durch die wir nicht hindurchgehen können, waren für Jesus keine Mauer, auch kein Ereignishorizont. Mit dem Auferstehungsleib war es Jesus möglich einzutreten und den Raum auch wieder zu verlassen. Genau dieses erlebten die zehn Jünger (ohne Thomas) am Abend des Ostersonntags (Johannes 20,19):

„Am Abend aber dieses ersten Tages der Woche, als die Jünger versammelt und die Türen verschlossen waren aus Furcht vor den Juden, kam Jesus und trat mitten unter sie und spricht zu ihnen: Friede sei mit euch!"

Für den auferstandenen Herrn gibt es keine Begrenzung mehr. Der Auferstehungsleib vermag alles. Er kann jeden Raum einnehmen und überall hinkommen.

3. Emmausjünger: Von den Emmausjüngern heißt es in Lukas 24,31:

„Da wurden ihre Augen geöffnet, und sie erkannten ihn. Und er verschwand vor ihnen."

So hat es *Luther* übersetzt. In der Revidierten Elberfelder Übersetzung steht:

„Und er wurde vor ihnen unsichtbar."

Eine treffende Beschreibung! Weder Raketen noch andere Fluggeräte waren erforderlich – augenblicklich war Jesus entschwunden. Sie konnten ihn nicht mehr sehen, weil er in die andere Dimension hinüberwechselte.

4. Fünfhundert Brüder: In 1. Korinther 15,6 wird uns eine Situation beschrieben, wie Jesus vor vielen Menschen sichtbar gemacht wurde:

„Danach ist er gesehen worden von mehr als 500 Brüdern auf einmal."

Im griechischen Grundtext steht das Wort „oophthä", womit das Geschehen noch genauer ausgedrückt wird: *„Er ist sichtbar gemacht worden."* Rechnet man die Frauen noch hinzu, dann sind es schon 1 000 Zeugen, und mit den Kindern gar 2 000 Menschen, die den Auferstandenen gesehen haben. Obwohl er sowieso mitten unter ihnen gegenwärtig war, *ist er sichtbar gemacht worden* – und zwar in unserer Dimension! Er ist auch jetzt unter uns, so wird es uns auch in Matthäus 28,20 zugesichert:

> *„Siehe, ich bin bei euch alle Tage bis an der Welt Ende."*

Die Aussage *„bis an der Welt Ende"* können wir sowohl räumlich als auch zeitlich verstehen. Wo immer wir uns aufhalten und zu welchem Zeitpunkt es auch sein mag, Jesus ist immer in unserer unmittelbaren Nähe. Welch ein Versprechen!

10.6 Die Himmelfahrt Jesu

Bezüglich der Himmelfahrt Jesu wurde ein gläubiger Mathematikprofessor einmal von einem modernen Theologen befragt:

> *„Können Sie mir ausrechnen, wo im Universum Jesus inzwischen angekommen ist, wenn er sich mit Lichtgeschwindigkeit, also der höchsten bekannten Geschwindigkeit, fortbewegt hat?"*

Dieser Mann hatte wesentliche Aussagen der biblischen Botschaft nicht verstanden. Die hier beschriebene Himmelfahrt Jesu wollte er nicht akzeptieren. Wenn Jesus sich mit der höchsten physikalischen Geschwindigkeit, der Lichtgeschwindigkeit, fortbewegt hätte, dann würde er heute noch durch das Universum rasen.

Bei dieser Denkweise wäre Jesus noch immer am Rande unserer Galaxie. Die Erde liegt am äußeren Rand unserer Milchstraße und ist vom galaktischen Zentrum 66 000 Lichtjahre entfernt. Mit Lichtgeschwindigkeit hätte Jesus erst 3 Prozent der Strecke bis dorthin zurückgelegt.

Aber Jesus flog nicht durch das Universum, sondern er ging in die nächste Dimension. Darum ist er nie weit von uns entfernt. Und selbst wenn wir uns vorstellen, wir wären auf der zu unserer Milchstraße nächstgelegenen Galaxie, dem Andromedanebel in 2,5 Millionen Lichtjahren Entfernung, dann dürften wir wissen, Jesus wäre schon längst da. Es gibt einfach keinen Raum, den er nicht erfüllt. Wie gut ist es, das zu wissen!

In Apostelgeschichte 1,9 wird die Himmelfahrt beschrieben:

„Er wurde zusehends aufgehoben, und eine Wolke nahm ihn auf, vor ihren Augen weg."

Nicht nach langer Reisezeit, sondern augenblicklich war er da. Und dann sagten die beiden Engel zu den Jüngern in Apostelgeschichte 1,10-11:

„Und als sie ihm nachsahen, wie er gen Himmel fuhr, siehe, da standen bei ihnen zwei Männer in weißen Gewändern. Die sagten: Ihr Männer von Galiläa, was steht ihr da und seht gen Himmel?

Dieser Jesus, der von euch weg gen Himmel auf-
genommen wurde, wird so wiederkommen, wir
ihr ihn habt gen Himmel fahren sehen."

Er wird wiederkommen, und er wird es so tun, wie
sie es bei der Himmelfahrt gesehen haben. Er wird
sichtbar gemacht werden.

Bei der Himmelfahrt Jesu handelt es sich zwar zunächst um eine Bewegung innerhalb unserer Dimension, aber entscheidend ist das Hinübergehen in
eine andere.

In Markus 16,19 wird berichtet:

„Nachdem der Herr Jesus mit ihnen geredet hat-
te, wurde er aufgehoben gen Himmel und setzte
sich zur rechten Hand Gottes."

Er wurde also einfach nur aufgehoben, und sogleich
war er in jener für uns noch unsichtbaren Dimension
angelangt.

Und dann sagten die Engel (V.11):

„Dieser Jesus, der von euch weg gen Himmel auf-
genommen wurde, wird so wiederkommen, wie
ihr ihn habt gen Himmel fahren sehen."

Hier kommt es auf das Wort „so" an. Er wird also bei
seiner Wiederkunft in gleicher Weise aus der ande-

ren Dimension hervortreten und für alle Menschen gleichzeitig sichtbar sein, unabhängig davon, ob wir in Deutschland oder in Australien oder in China oder Amerika wohnen. Dabei wird auch die Kugelgestalt unserer Erde kein Problem für ihn sein, weil Jesus ein Herr ist über jedes räumliche Gebilde der 3. Dimension und auch der Dimensionen darüber.

10.7 Die Wiederkunft Jesu

Nun widmen wir uns dem größten Ereignis, das uns noch bevorsteht. Das hat die Welt noch nie gesehen! Es ist die Wiederkunft Jesu! Er erscheint dann nicht mehr als hilfloses Kind in der Krippe, sondern kommt in Macht und Herrlichkeit. Er wird seine ganze Kraft, seine ganze Majestät, seine ganze Herrlichkeit einbringen – und alle Menschen werden ihn sehen. Niemand, der über diese Erde ging, ist davon ausgenommen. So sagt es uns die Bibel. Und sie beschreibt uns sein Kommen sehr präzise. Wie wird das geschehen?

1. Er kommt plötzlich: Die Wiederkunft unseres Herrn ist nach Matthäus 24,27 ein plötzliches Ereignis:

> *„Denn wie der Blitz ausgeht vom Osten und leuchtet bis zum Westen, so wird auch das Kommen des Menschensohnes sein."*

Blitzartig, so sagt es die Bibel, wird Jesus wiederkommen. Da wird keiner bevorzugt. Weder Amerikaner noch Chinesen, noch wir Europäer können uns rühmen die Ersten zu sein, die ihn sehen. Jesus wird in einem Augenblick, so wie ein Blitz zuckt, sofort für alle Menschen sichtbar erscheinen, spontan, in einem Nu. Wo auch immer wir uns dann gerade aufhalten, für die gesamte Menschheit wird es dieselbe Sekunde sein.

2. Er kommt sichtbar für alle: Und dann heißt es weiter bezüglich seines Kommens in Matthäus 24,30:

> *„Und dann wird erscheinen das Zeichen des Menschensohnes am Himmel... und werden **sehen** den Menschensohn kommen auf den Wolken des Himmels mit großer Kraft und Herrlichkeit."*

Jetzt sehen wir ihn noch nicht. Dann aber werden ihn alle Menschen sehen – die dann leben und ebenso alle Generationen, die zuvor gelebt haben. Wer sich dann gerade in einem Salzbergwerk tausend Meter unter der Erdoberfläche befindet, wird ihn auch von dort aus sehen. Für sein Sichtbarwerden gibt es keinen Hinderungsgrund. Wo auch immer – alle werden wir die Erscheinung Jesu gleichzeitig erleben und ihn auch als den Herrn der Welt erkennen.

Zu welcher Tageszeit wird das sein? Können wir unsere Uhr danach stellen? Die Bibel sagt uns in Lukas 17,34, es wird in der Nacht sein:

> *„In jener Nacht werden zwei auf einem Bette liegen; der eine wird angenommen, der andere wird preisgegeben werden."*

Die Hauptaussage dieses Textes ist, dass bei seinem Wiederkommen leider nicht alle errettet sind. Einige sind angenommen und andere sind verlorene Leute. Die weitere Aussage des Textes betrifft die Tageszeit, und da steht deutlich, es wird in der Nacht sein.

Lesen wir aber zwei Verse weiter (V. 36), dann ändert sich plötzlich die Tageszeit:

> *„Zwei werden auf dem Felde sein; einer wird angenommen, der andere wird preisgegeben werden."* (Parallelstelle hierzu: Matthäus 24,40)

Auch hier geht es in erster Linie wieder um die Errettung – einer ist angenommen, der andere ist verworfen. Das sind Menschen, die im Alltagsleben dicht beieinander sind. Sie arbeiten gemeinsam auf dem Feld. Oder in unsere Zeit übertragen: Sie sitzen zusammen in einem Büro an zwei gegenüberliegenden Schreibtischen. Sie wirken gemeinsam am Bau eines Hauses mit oder sie fliegen ein Flugzeug, der eine ist der Flugkapitän, der andere ist der Copilot. Einer von ihnen ist angenommen, der andere ist verloren.

Auf den ersten Blick könnte man einwenden: „In der Bibel gibt es tatsächlich Widersprüche. Da steht zunächst, er kommt in der Nacht, und zwei Verse später ist von der Feldarbeit die Rede, die ja stets am Tage stattfindet." Dieser scheinbare Widerspruch löst sich jedoch schnell auf. Die Erde hat eine sphärische Gestalt. Wenn sie von der Sonne angestrahlt wird, hat eine Seite Tag und die andere Nacht. Da Jesus plötzlich wiederkommen wird, gilt das für den ganzen Erdball. Je nach Position der Drehung wird es bei seinem Kommen z. B. für einen Landstrich 5 Uhr nachmittags und für einen anderen 4 Uhr nachts sein, je nachdem, wo auf der Erde wir uns befinden. Jedenfalls wird es die gesamte Menschheit im selben Augenblick erfahren. Wichtig ist, dass wir erkennen: Jesus kommt plötzlich!

3. Es wird bei seinem Kommen sowohl Tag als auch Nacht sein: Aus den biblische Aussagen „Jesus wird plötzlich wiederkommen" und „er wird sowohl am Tage als auch in der Nacht erscheinen" hätte *Christoph Kolumbus* (1451-1506) messerscharf schließen können, dann muss die Erde konsequenterweise eine Kugel[10] sein. Heute weiß bereits jedes Schulkind um die Kugelgestalt der Erde. Durch Gott wusste der Prophet Sacharja schon zu alttestamentlicher Zeit davon. Darum konnte er den Augenblick des Wiederkommens unseres Herrn als eine Gleichzeitigkeit von Tag und Nacht beschreiben:

10
Kugelgestalt der Erde: Die Erkenntnis der Kugelgestalt der Erde geht bereits auf *Aristoteles* (384-322 v. Chr.) zurück. Der Universalgelehrte *Eratosthenes* berechnete um 240 v. Chr. mit erstaunlicher Genauigkeit den Umfang der Erde. Er beobachtete, dass sich die Sonne in Syrene (heute: Assuan, Südägypten) an einem bestimmten Tag des Jahres im Wasser eines tiefen Brunnens spiegelte. Daraus schloss er, dass die Sonne an diesem Tag genau im Zenit, also senkrecht über dem Brunnen stand. Gleichzeitig fiel die Sonne in Alexandria (Nordägypten) unter einem Winkel ein. Aus der Entfernung zwischen Assuan und Alexandria und dem Einfallswinkel der Sonne errechnete er den Erdumfang zu knapp 40 000 Kilometern. Diese Zahl kommt dem tatsächlichen Erdumfang von gut 40 077 Kilometern erstaunlich nahe. Dieses Wissen ging im Laufe der Jahrhunderte wieder verloren und wurde erst in der Neuzeit – nach *Kolumbus* – wiederentdeckt.

„Und es wir ein einziger Tag sein – er ist dem Herrn bekannt! – es wird nicht Tag und Nacht sein, und um den Abend wird es licht sein" (Sacharja 14,7).

4. Er kommt mit den Wolken: Wie wird Jesu Kommen von den Menschen erlebt werden? Darauf finden wir eine Antwort in Offenbarung 1,7:

„Siehe, er kommt mit den Wolken, und es werden ihn sehen alle Augen und alle, die ihn durchbohrt haben, und es werden wehklagen um seinetwillen alle Geschlechter der Erde."

Jesus wird nicht mehr als Kind in der Krippe kommen, hilflos und verstoßen von den Menschen, sondern nun kommt er als Richter, als Herr und König dieser Schöpfung, denn er ist auch der Urheber dieser Welt. Er hat das ganze Universum geschaffen. Es hat also keinem Urknall gegeben, sondern Gott hat gesprochen, und sein Allmachtswort ist der Grund für alles Existierende. Wir Menschen erfinden viel Unsinniges, was abwegig und gottlos ist. Dieses Universum wurde von einem allmächtigen Gott geschaffen. Erst am vierten Schöpfungstag kam es mit all den unzähligen Sternen in Existenz. Die Erde schuf er bereits am ersten Schöpfungstag. Zu dieser Wirklichkeit passt keines der Urknallmodelle. Wer allmächtig ist, wer alle Macht hat, der kann in einem Nu ins Dasein rufen, was er will. Und so steht es auch in Psalm 33,9:

„Denn wenn er spricht, so geschieht's; wenn er gebietet, so steht's da."

Stellen wir uns nun einmal vor, dieser Urheber des Universums, der alle Dinge gemacht hat, der auch uns geschaffen hat und auch die Ameisen und alles, was auf dieser Erde lebt, der erscheint jetzt persönlich. In keinem Physikunterricht in der Schule oder in der Physikvorlesung der Technischen Hochschule hat je einer meiner Lehrer gesagt: „Jetzt werden wir die Gesetze kennen lernen, deren Urheber Jesus ist." Darüber wird einfach hinweg gegangen und so getan, als wäre das von allein da. Nichts ist von alleine da, sondern alles ist durch Jesus geschaffen, weil Gott ihn zum Schöpfer eingesetzt hat (Sprüche 8,30; Kolosser 1,15-17).

5. Wehklage und unermessliche Freude: Welch eine unfassbare Situation! In einem Nu, in einem Moment auf der Zeitachse geschieht das Außergewöhnliche. Der Schöpfer erscheint, und alle können ihn sehen. Jetzt müsste doch Jubel ausbrechen. Jetzt sehen wir den Urheber aller Dinge, alles Spekulieren hat ein Ende, welch eine Freude! So könnte es sein. Aber nein, es heißt:

„Und es werden wehklagen um seinetwillen alle Geschlechter der Erde" (Offenbarung 1,8).

Alle Generationen von Menschen, die auf dieser Erde gelebt haben, müssen jetzt vor ihm erscheinen und viele werden bekennen müssen: „Wir haben ein völlig falsches Leben gelebt, entweder atheistisch oder wir sind irgendwelchen Religionen gefolgt, aber diesem Jesus haben wir uns nie zugewandt." Das erkennen sie jetzt. Er erscheint jetzt. Und in allen Generationen gibt es viele solcher Menschen, die ohne ihn gelebt haben. Und jetzt beginnt das Schreien und Wehklagen. Ein großer Jammer, dass wir unser Leben nicht anders gelebt haben. Jetzt ist es zu spät. Es ist keine Chance, noch irgendwas zu revidieren. In Maleachi 3,2 wird dieser Tag auch schon beschrieben:

> *„Wer wird aber den Tag seines Kommens ertragen können, und wer wird bestehen, wenn er erscheint? Denn er ist wie das Feuer eines Schmelzers und wie die Lauge der Wäscher."*

Sein Kommen wird schon im Alten Testament angekündigt. In Maleachi 3,19 heißt es:

> *„Denn siehe, es kommt ein Tag, der brennen soll wie ein Ofen. Da werden alle Verächter und Gottlosen Stroh sein, und der kommende Tag wird sie anzünden."*

An diesem Tag gibt es keine Atheisten mehr. Da wird niemand mehr einen Bus plakatieren wollen mit der Aufschrift „Es gibt keinen Gott." Sie werden alle schreien und wehklagen. „Welch einem Irrtum sind wir nur aufgesessen. Wie schrecklich. Hätten wir doch darauf gehört, was uns andere Leute gesagt haben: Es gibt den lebendigen Gott, und wir leben mit ihm, und wir kennen ihn. Hätten wir doch darauf bloß gehört." Nun ist zu spät. Es ist keine Korrektur mehr möglich. Der kommende Tag wird sie anzünden. Und die Bibel sagt uns sogar, dieses Anzünden wird nie aufhören, wir sind ewige Existenzen. Und Gott hat uns die Ewigkeit ins Herz gelegt, das gilt für alle Menschen, das gilt für Gläubige und für Ungläubige. Wir sind Ewigkeitsgeschöpfe, weil Gott den Menschen den lebendigen Odem Gottes eingeblasen hat, darum wird unsere Existenz niemals ausgelöscht werden. Wir werden ewig existieren. Die Frage ist wo? Und das wird uns hier gesagt: Die einen wird dieser Tag anzünden und für sie brennt ein ewiges Feuer. Wie schrecklich! Welch ein Jammer. Und das müssen wir auch zur Kenntnis nehmen, dass uns das in der Bibel gesagt wird.

Aber, jetzt kommt das große Aber. Es gibt auch überfließende Freude! Schon in Maleachi 3,20 heißt es:

„Euch aber, die ihr meinen Namen fürchtet, soll aufgehen die Sonne der Gerechtigkeit und Heil unter ihren Flügeln. Und ihr sollt herausgehen und springen wie die Mastkälber."

Wenn nach einem harten Winter die Kälber wieder auf die Weide gelassen werden, wenn sie den frischen Wind spüren und die helle Sonne sehen, das ist Freude pur, und sie springen ausgelassen umher. In diesem Bild erklärt die Bibel uns die Freude, die jene erleben, die zu Jesus gehören, wenn ihr Herr wiederkommt. Er ist für sie der erwartete Retter. Es hat sich gelohnt, an ihn zu glauben und mit ihm zu leben. Alle irdischen Probleme und Sorgen sind nun endgültig abgetan. Gott selbst, nicht irgend ein Engel, wird jede von uns in dieser Welt geweinte Träne abwischen (Offenbarung 21,4). Schmerz, Leid und Trauer sind in seinem Reich völlig unbekannt. Jetzt bricht die Freude an, die nie wieder aufhören wird. Es ist die Freude ohne Ende – ewige, überfließende Freude!

11. Sind wir bereit?

Jetzt kommt die entscheidende Frage: Sind wir bereit, dem Herrn zu begegnen? Haben wir den Himmel gebucht? Es kommt darauf an, dass wir in diesem Leben zum Herrn Jesus kommen und unser Leben mit seinem verbinden. Gehören wir an diesem Tag fest zu ihm? Haben wir das ewige Leben aus seiner Hand angenommen? Dazu machen wir Veranstaltungen und dazu schreiben wir Bücher, um zu rufen und nochmals zu rufen, damit wir möglichst Viele auf den Weg ins Himmelreich mitnehmen. Zu hundert Prozent brauchen wir den Herrn Jesus. Er kam nicht als Verzierung unseres Lebens, sondern dass wir unser Leben radikal verändern und mit ihm leben. Wir sind geladen zu der Freude, die nie mehr aufhört. Jesus redet noch heute zu uns und spricht in unser Herz hinein und sagt, komm doch auch und nimm den Ruf an, damit du an jenem Tag den Himmel schauen kannst, und das in alle Ewigkeit.

Es ist die beste Botschaft, die jemals den Menschen gesagt worden ist. Nie hat es eine bessere Nachricht gegeben als diese. Nie ist eine Botschaft so verbindlich, so klar, so echt und deutlich gesagt worden wie diese. Weil hier der lebendige Gott dahinter steht und jedes Wort, was er gesagt hat, wahr ist und gilt. Und darum hat Paulus auch gesagt: *„Ich glaube allem, was geschrieben steht"* (Apostelgeschichte 24,14). Er hat nicht herumgerätselt, ob diese oder jene Aussage so sein kann, sondern für ihn galt alles! Wir werden es alle erleben, dass das Wort Gottes in allem – ohne Ausnahme – stimmt. Das hat Gott so gefügt, dass wir das im Glauben annehmen sollen, aber noch nicht im Schauen. Der Herr Jesus wird dir heute nicht sichtbar erscheinen, wie es nach seiner Auferstehung z. B. in 1. Korinther 15,6 geschah. Das geschieht erst wieder am Tag seiner Wiederkunft, und dann bleibt die Sichtbarkeit in alle Ewigkeit. Und so ruft er uns und lockt uns und sagt: Komm doch auch! Lass dich heute noch einladen! Verpasse nicht die größte und kostbarste Einladung, die je an dich gerichtet wurde, nämlich das Fest der Ewigkeit! Du bist gerufen zum Himmel, nicht zur Hölle. Vertraue dein Leben Jesus an und du bist unvorstellbar reich!

Teil II: Der Herr über die Zeit

12. Der Herr auch über die Zeit

Gott ist nicht nur Herr über unseren Raum, sondern auch über unsere Zeit. Die Zeit, die wir mit verschiedenen Arten von Uhren messen, von der altehrwürdigen Pendeluhr bis zur Atomuhr, hat einen Anfang gehabt. *„Am Anfang",* heißt es in 1. Mose 1,1, *„schuf Gott Himmel und Erde".* Von da an gab es einen fest definierten Anfangspunkt für die Zeitachse. Ebenso gibt es auch einen Endpunkt dieser beidseitig begrenzten Achse. Darüber steht in Offenbarung 10,6:

„Es soll hinfort keine Zeit mehr sein."

Die Zeit, die wir mit unseren Uhren messen (griech.; *„chronos"*), wird also ein Ende haben. Die erste Messmethode für Zeit ist bereits im Schöpfungsbericht genannt, denn in 1. Mose 1,14 heißt es:

„Es werden Lichter an der Feste des Himmels, die da scheiden Tag und Nacht und geben Zeichen, Zeiten, Tage und Jahre."

Aber die „Zeit" Gottes ist nicht identisch mit der Zeit des Menschen, wie auch der „Raum" Gottes nicht unserem Raum entspricht, in dem wir leben. Höherdimensional ist offenbar auch die Zeit bei Gott. In Hiob 10,5 wird uns das offenbart:

„Oder ist deine Zeit" – also Gottes Zeit – „wie eines Menschen Zeit oder deine Jahre wie eines Mannes Jahre?"

Das wird auch in dem bekannten Vers 4 aus Psalm 90 deutlich:

„Denn tausend Jahre sind vor dir wie der Tag, der gestern vergangen ist."

Petrus hebt es noch einmal hervor in seinem 2. Brief, Kapitel 3,8:

„Eines aber sei euch nicht verborgen, ihr Lieben, dass ein Tag vor dem Herrn ist wie tausend Jahre und tausend Jahre wie ein Tag."

Diese beiden Zeitdefinitionen lassen sich auch in Form zweier Gleichungen ausdrücken:

1000 Menschenjahre = 1 Gottestag,
1000 Gottesjahre = 1 Menschentag.

Hieraus ist sofort ersichtlich, dass es keine Umrechnungsformel von Gotteszeit in Menschenzeit und umgekehrt gibt. Es besteht ein grundsätzlicher Unterschied. Gott ist ewig. Für ihn ist unsere gesamte Zeitachse von einem Punkt aus überschaubar. Graphisch lässt sich das wie in **Bild 23** veranschaulichen. Die Zeitachse ist über ihre gesamte Länge dargestellt – von Anfang an, also von der Schöpfung, bis hin zum letzten Tag dieser Weltgeschichte.

Irgendwo auf dieser Zeitachse befinden wir uns mit unserem Heute – dem Punkt der „Gegenwart". All das, was hinter uns liegt, nennen wir „Vergangenheit", und all das, was vor uns liegt „Zukunft".

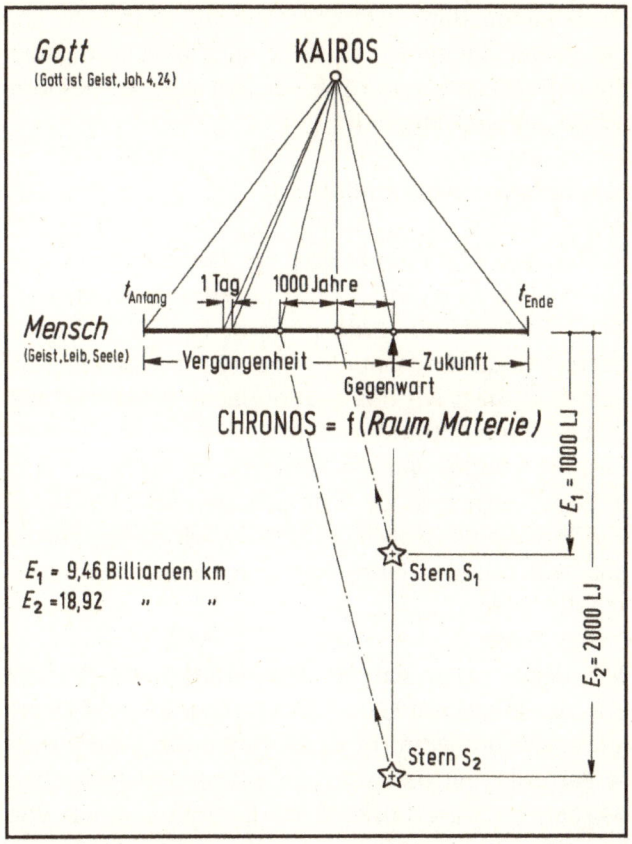

Bild 23: *Die Zeit Gottes (kairos) und unsere Zeit (chronos).*

Gott aber ist nicht diesem *„chronos"*, dem Vergang unserer Zeit unterworfen; er lebt in einer auch zeitlich übergeordneten Dimension. Seine „Zeit" bezeichnet das Neue Testament mit dem griechischen Wort *„kairos"*. Gott kann augenblicklich unsere gesamte Zeitachse übersehen. Deshalb kann er sagen: Vor mir sind tausend Jahre auf der Zeitachse genauso in einem Blick erfassbar, wie ein einzelner Tag auf dieser Zeitachse. Er sieht auch gleichzeitig die Zukunft. All das, was noch vor uns liegt, ist bei ihm schon „ewige Gleichzeitigkeit".

Ein Gedankenexperiment

Stellen wir uns einmal vor, wir befänden uns auf einer Reise zu einem Stern, der gerade eintausend Lichtjahre von der Erde entfernt ist. Ein Lichtjahr entspricht der Entfernung von 9,46 Billionen km. Das bedeutet, dass wir das Tausendfache dieser Distanz von der Erde entfernt sind. In unserem Gedankenexperiment hätten wir ein Fernrohr, mit dem wir von diesem Stern aus zur Erde schauen könnten. Was würden wir da erblicken? Nun — wir sähen genau das, was tausend Jahre zuvor hier auf der Erde geschah.

Nun wiederholen wir das Experiment und begeben uns zu einem Stern, der gerade zweitausend Lichtjahre von uns entfernt ist, nehmen das wunderbare Fernrohr mit und schauen wieder zur Erde. Was würden wir da erblicken? Jetzt sähen wir, was vor zweitausend Jahren auf der Erde geschah! Staunend könnten wir miterleben, wie Jesus über diese Erde geht.

Befänden wir uns auf einem weiter entfernten Stern, so würden wir zu Augenzeugen beim Durchzug des Volkes Israel durch das Rote Meer. Bei der entsprechenden Position im Weltall könnten wir in unserem Gedankenexperiment definierte historische Ereignisse sogar augenblicklich beobachten. Auf der Zeitachse würden wir demzufolge die Vergangenheit als Gegenwart erleben.

Lässt sich das nun auch auf die Zukunft anwenden? Da kommen wir in Anbetracht der Begrenztheit unseres Denkens in Schwierigkeiten. Aber Gott ist größer als unsere Zeitvorstellung und als unsere Gedankenexperimente. Er kann gleichzeitig die gesamte Zeitachse vom ersten bis zum letzten Tag überblicken. Gott kennt alles. Darum kann er im prophetischen Wort zu uns reden und uns Dinge offenbaren, die erst zukünftig auf dieser Erde geschehen werden. Auch die Details über das Ende der Weltgeschichte sind ihm schon bekannt. Nach der Zeit Gottes (Kairos) sind alle irdischen Ereignisse im Chronos „bereits abgelaufen."

Das Buch der Offenbarung beinhaltet viele Prophetien, also Dinge, die aus unserer Sicht erst noch geschehen werden. Dennoch sind sie Gott bereits bekannt. Es ist auffallend, wie in diesem Buch die grammatischen Zeitformen wechseln: Manches ist in Gegenwartsform geschrieben — als würde es gerade momentan geschehen. Anderes steht in der Vergangenheitsform, als wäre es schon längst erledigt. Auch zukünftige Ereignisse werden als Tatsachen beschrieben.

Vergangenheit: *„Danach sah ich, und siehe, eine Tür war aufgetan im Himmel, und die erste Stimme, die ich mit mir hatte reden hören wie eine Posaune, die sprach: Steig herauf, ich will dir zeigen, was nach diesem geschehen soll"* (Offenbarung 4,1).

Gegenwart: *„Ich kenne deine Werke und deine Liebe und deinen Glauben und deinen Dienst und deine Geduld und weiß, dass du je länger je mehr tust"* (Offenbarung 2,19).

Zunkunft: *„Und es wird keine Nacht mehr sein, und sie bedürfen keiner Leuchte und nicht das Licht der Sonne; denn Gott der Herr wird sie erleuchten, und sie werden regieren von Ewigkeit zu Ewigkeit"* (Offenbarung 22,5).

Diese göttlichen Beschreibungen sind grammatisch korrekt, weil hierdurch die „Weitsicht" Gottes zum Ausdruck kommt. Für ihn geschieht, gemessen mit unserer irdischen Zeitachse, alles quasi-gleichzeitig. Da liegt der Schluss auf der Hand: Unser Gott ist nicht nur Herr des Raumes, sondern auch der Zeit.

13 Gott ist Liebe — Leben — Licht

Wir haben uns inzwischen mit zwei Eigenschaften unseres Herrn ausführlich beschäftigt: Er ist *überräumlich* und *überzeitlich*. Dem wollen wir noch drei weitere hinzufügen. Es sind diese drei Wörter, die im Deutschen wie im Englischen mit dem Buchstaben "L" beginnen:

Liebe, Leben und *Licht. (engl.: love, life, light).*

Insbesondere im 1. Johannesbrief werden uns diese Wesensarten Gottes gezeigt:

*„Welch eine **Liebe** hat uns der Vater erwiesen"* (1. Johannes 3,1).
*„Das **Leben** ist erschienen, und wir haben gesehen und bezeugen und verkünden euch das Leben, das ewig ist, das beim Vater war und uns erschienen ist"* (1. Johannes 1,2).
*„Und das ist die Botschaft, die wir von ihm gehört haben und euch verkündigen, Gott ist **Licht**, und in ihm ist keine Finsternis"* (1. Johannes 1,5).

13.1 Gott ist Liebe

Gott ist die Liebe, und er liebt uns grenzenlos. In der russischen Sprache kommt diese Wesensart Gottes besonders deutlich zum Ausdruck. Will man im Russischen sagen „Das Wetter ist schön" — dann braucht man in dieser Sprache dazu nur zwei Wörter: Погода хорошая (= „pagoda charoschaja"). Das heißt wörtlich übersetzt: „Wetter schön".

Es wird also kein Artikel verwendet, und auch unser Hilfsverb „*ist*" fällt weg.

Wenn man aber im Russischen etwas Wesensmäßiges besonders betonen will, dann wird noch ein Wort eingefügt. Will man im Russischen sagen: „Gott *ist* die Liebe." – dann müsste man nach der üblichen Grammatik eigentlich sagen: Бог – любовь (Bog ljubow – Gott Liebe – Hilfsverb und Artikel entfallen). Bei dem obigen Satz wird jedoch eine Ausnahme gemacht, und darum heißt es korrekt „Бог есть любовь" (Bog *jest* ljubow). Damit wird die Liebe als besondere Wesensart Gottes hervorgehoben.

Naturgesetze und Gottes Liebe: Aus der Physik wissen wir, dass Naturgesetze angreifbar formuliert werden. Sie müssen jedoch jedem Einwand standhalten. Nachdem sie die Feuerprobe im harten Test der Wirklichkeit bestanden haben, sind sie ausnahmslos gültig.

Das Wort Gottes wurde ebenfalls angreifbar formuliert und muss sich an der Wirklichkeit testen lassen. Analog zu den Naturgesetzen der Physik hat auch die Liebe Gottes den Status eines Naturgesetzes. Über die Liebe Gottes finden wir in Hohelied 8,6 ein prophetisches Wort:

„Denn die Liebe ist stark wie der Tod, und ihr Eifer ist fest wie die Hölle. Ihre Glut ist feurig und eine Flamme des Herrn."

Dieser Satz ist angreifbar formuliert. Er kann im Prinzip widerlegt werden. Das Kreuz Jesu war der Härtetest der Liebe Gottes.

Diese Liebe hatte Jesus vollständig gelebt. Nie handelte er egoistisch. Was er tat, geschah in selbstloser Liebe zu den Menschen. Ging diese Liebe so weit, dass sie noch nicht einmal vor dem Tod Halt machte? Die Versuchung am Kreuz war groß, den Satz von der unbedingten Liebe zu Fall zu bringen. Der **erste Angriff** geschah durch die Oberen in Israel:

> *„Aber die Oberen spotteten und sprachen: Er hat anderen geholfen; er helfe sich selber, ist er der Christus, der Auserwählte Gottes"* (Lukas 23,35).

Das war ein Versuch, die Liebe Gottes zu Fall zu bringen. Wäre Jesus vom Kreuz gestiegen, wäre der obige Satz widerlegt worden. Kurz darauf kam es zum **zweiten Angriff**, die Liebe Gottes, die so stark wie der Tod ist, zu widerlegen:

> *„Desgleichen schmähten ihn auch die (beiden) Räuber, die mit ihm gekreuzigt waren"* (Matthäus 27,44).

Später wandte sich einer von ihnen an Jesus mit der Bitte um Hilfe, und dieser rettete ihn in seiner grenzenlosen Liebe für die Ewigkeit: *„Heute wirst du mit mir im Paradies sein"* (Lukas 23,43).

Auch der **dritte Test** widerlegte Gottes Liebe nicht:

„Und die vorübergingen, lästerten ihn ... Ist er der Christus, der König von Israel, so steige er nun vom Kreuz" (Markus 15,29+32).

Jesus hätte vom Kreuz steigen können, aber er tat es nicht. Die Liebe Gottes erweist sich wirklich stärker als der Tod! Nur dadurch, dass Jesus am Kreuz blieb, können wir durch sein vergossenes Blut gerettet werden (1. Petrus 1,18-19).

13.2 Gott ist Leben

Vertreter der Evolutionslehre behaupten, das Leben könne allein aus Prozessen in der Materie entstanden sein. Da aber Leben etwas Nicht-Materielles ist, kann dieses niemals der Fall sein. Nach dem folgenden Naturgesetz[11]

NGI-2: Eine rein materielle Größe kann keine nicht-materielle Größe hervorbringen.

ist es unmöglich, dass das Leben in der Materie von selbst entstehen kann. Nach einem anderen Naturgesetz benötigt alles Leben eine Quelle[12]. Das hatte bereits der französische Chemiker, Physiker und Biochemiker *Louis Pasteur* (1822-1895) erkannt, indem

---

11
 W. Gitt: „Information – Der Schlüssel zum Leben", CLV-Verlag, Bielefeld, 7. Auflage 2020, S.177
12
 W. Gitt: „Information – Der Schlüssel zum Leben", CLV-Verlag, Bielefeld, 7. Auflage 2020, S. 222

er formulierte: *„Omne vivum e vivo"* („Alles Lebende entsteht aus Lebendem").

Diese naturwissenschaftlich geforderte Quelle des Lebens ist der Gott der Bibel. Von ihm heißt es in Psalm 36,10: *„Denn bei dir ist die Quelle des Lebens, und in deinem Lichte sehen wir das Licht."* Er ist der Geber des Lebens. Er blies dem Menschen *„den Odem"* ein, *„und also ward der Mensch ein lebendiges Wesen"* (1. Mose 2,7). Mit diesem Leben ist das biologische Leben gemeint (griech. *„bios"*).

Im Griechischen gibt es aber noch ein anderes Wort für Leben, nämlich *„zoe"*. Hiermit ist das „ewige Leben" gemeint. Es führt nur ein einziger Weg dorthin, und dieser heißt Jesus Christus. Jeder andere Weg ist Zielverfehlung. Es gibt keine Religion, keine Philosophie und kein Denksystem des Menschen, wodurch wir das ewige Leben im Himmelreich erlangen könnten. Darum sagt es Jesus in Johannes 14,6 so eindeutig:

„Ich bin der Weg und die Wahrheit und das Leben; niemand kommt zum Vater denn durch mich."

Jesus selbst ist dieses ewige Leben in Person, und darum greifen wir diesen Teil des Satzes aus Johannes 14,6 noch einmal extra heraus:

„Ich bin das (ewige) Leben" (griech. „zoe").

Nur durch Jesus Christus gelangen wird zum ewigen Leben, und nur durch ihn überwinden wir den Ereignishorizont zum Himmel. Nur so erreichen wir den Vater.

Von Natur aus leben wir im Bereich der Finsternis, der Trennung vom Licht Gottes, begrenzt durch unseren Ereignishorizont, den wir selbst durch die Sünde errichtet haben. Wir Menschen haben viele Gedankensysteme erfunden, wie wir diese Grenze überwinden könnten. Immer wieder taucht die Frage auf: Führen denn die vielen von Menschen erfundenen Religionen nicht auch zum Ziel? Geht es nicht auch mal anders? Kommt es nicht nur einfach darauf an, dass man es ernst genug meint und sich entsprechend anstrengt? Anerkennt Gott das nicht auch irgendwie?

Die Tatsache des Ereignishorizontes und das Wort der Bibel lehren uns, dass alle Barrieren nicht in eigener Kraft überwunden werden können. Es gibt nur den einen einzigen Weg, der bis ins Reich Gottes hineinführt, und das ist die einzige von Gott selbst installierte Brücke, das Kreuz von Golgatha. An diesem Kreuz kommt niemand vorbei, der das Reich Gottes erreichen möchte. Wer aber diesen göttlichen Weg beschreitet, der darf gewiss sein, das Vaterhaus im Himmel zu erlangen. Jesus Christus sagt uns in Johannes 14,2:

> *„In meines Vaters Hause sind viele Wohnungen. Wenn's nicht so wäre, hätte ich dann zu euch gesagt: Ich gehe hin, euch die Stätte zu bereiten?"*

Eines Tages wird auch die letzte Wohnung besetzt sein — dann kommt der Herr wieder. Dann ist die volle Zahl der Heiden erreicht (Römer 11,25). Aber noch sind Plätze frei. Noch ist die angenehme Zeit der Rettungsmöglichkeit gegeben:

„Siehe, jetzt ist die Zeit der Gnade, siehe, jetzt ist der Tag des Heils!" (2. Korinther 6,2b).

Noch leben wir in der Zeit des Heils. Noch kann man die „Brücke" überschreiten – es ist das Kreuz Jesu, das die Kluft der Sünde zwischen Gott und uns überbrückt. Wer über diese Brücke geht, der hat wirklich das Leben gewonnen. Denn der Herr hat versprochen:

„Wer mein Wort hört und glaubet dem, der mich gesandt hat, der hat das ewige Leben und kommt nicht in das Gericht, sondern er ist vom Tode zum Leben hindurchgedrungen" (Johannes 5,24).

Zwischen uns und dem Reich Gottes, das die Bibel mit zahlreichen Worten beschreibt wie – ewiges Leben, ewige Gemeinschaft mit Jesus Christus, Vaterhaus Gottes oder Himmelreich – besteht die abgrundtiefe Kluft der Sünde, die sich von uns aus als unüberwindlicher Ereignishorizont darstellt. Durch den persönlichen Glauben an den einzigen Retter — Jesus Christus — hat uns Gott jedoch die Überwindung dieser Grenze angeboten. Gottes rettende Einladung gilt für jeden Menschen. Es liegt nun nur noch an uns, diese Rettung im Gebet dankend anzu-

nehmen (siehe dazu Anhang A1 „Berufen zum ewigen Leben").

13.3 Gott ist Licht

In 1. Johannes 1,2 lesen wir ein weiteres grundlegendes Wort über Gott:

>„Gott ist Licht."

In der Fortsetzung des Satzes heißt es: *„in ihm ist keine Finsternis."* Mit diesem Licht ist nicht das physikalische Licht gemeint, dessen sichtbarer Bereich die
Wellenlängen der elektromagnetischen Strahlung
von etwa 380 bis 780 nm (Nanometer) umfasst. Das
uns geläufige physikalische Licht ist jedoch ein Bild
für das Wesen Gottes. In ihm ist Helligkeit und Klar-
heit und die lautere Wahrheit. In Daniel 2,22 heißt
es von ihm:

>„Er offenbart, was tief verborgen ist; er weiß,
>was in der Finsternis liegt, denn bei ihm ist lauter
>Licht."

Jesus, der *„das Ebenbild des unsichtbaren Gottes"*
(Kolosser 1,15) ist, stellt sich uns wie folgt vor:

>„Ich bin das Licht der Welt" (Johannes 8,12).

All denen, die ihm nachfolgen, sagt Jesus zu, das
„Licht des Lebens" (Johannes 8,12) zu haben. Und

das ist er selbst. Mit Jesus zu leben, hat für uns eine große Bedeutung, denn es befreit uns von Sünde und fördert die Gemeinschaft mit denen, die auch mit ihm leben:

„Wenn wir aber im Licht wandeln, wie er im Licht ist, so haben wir Gemeinschaft untereinander, und das Blut Jesu, seines Sohnes, macht uns rein von aller Sünde" (1. Johannes 2,7).

ANHANG

A1: Berufen zum ewigen Leben

Wir haben uns ausgiebig mit den wissenschaftlichen Fragen von Raum und Zeit beschäftigt. Die mathematischen Dimensionen $n > 3$ und der physikalische Ereignishorizont halfen uns dabei, schwierige Bibelstellen besser zu verstehen. Bei dieser uns wissenschaftlich gesetzten Grenze sind wir aber nicht stehen geblieben, sondern haben Vieles über den Urheber aller Dinge von ihm selbst – aus seinem Wort – erfahren. Da der Schöpfer des Universums auch unser Schöpfer ist, ist es ihm sehr daran gelegen, dass wir die Ewigkeit in seinem Reich verbringen. Da Gott uns als freie Wesen mit eigenem Willen geschaffen hat, erwartet er, dass wir uns zu ihm auf den Weg machen.

Das kann z. B. durch das nachfolgende Gebet geschehen:

„Lieber Vater im Himmel! Ich danke Dir in Jesu Namen, dass Du Dich offenbart hast und dass wir wissen, Du bist da. Du bist auch der einzige Gott. Und alle Götter der Völker sind aus Deiner Sicht tote Götzen. Du aber bist der lebendige Gott, und Du bist zu uns gekommen in Deinem Sohn, in Jesus Christus. Wir wissen, Du bist unseretwegen in die Welt gekommen, Du bist am Kreuz für unsere Schuld und für unsere Verfehlungen gestorben,

damit wir nicht verloren gehen. Herr Jesus, so danke ich Dir von ganzem Herzen, dass Deine Botschaft der Rettung auch mir gilt. Du bist bereit, meine Schuld zu vergeben und mir den Himmel zu schenken. Hier und heute will ich zu Dir kommen und Deine Vergebung und Rettung annehmen. Herr Jesus Christus, öffne mein Herz, dass ich ein klares „Ja" zu Dir sage. An dem Tag, wenn Du wiederkommen wirst, möchte ich zu Deiner Schar gehören, die dann vor Freude springen kann. Es wird eine Freude sein, die in Ewigkeit nicht aufhören wird. Danke für diesen Ruf, für dieses große Geschenk, dass Du mir heute machst. Lob und Dank sei Dir Herr Jesus Christus. Amen."

Ausführlicher ist alles beschrieben in dem Material, das in der Fußnote[13] genannt wird.

Abschließend möchte ich von zwei Gesprächssituationen berichten, wie Menschen durch Jesus ewiges Leben fanden (A2), aber auch wie andere es abgelehnt haben (A3).

A2: Den Herrn des Lebens gefunden

Nach einem Vortrag in der Schweiz kam ein Ehepaar auf mich zu mit der Frage: *„Kann man sich hier heute Abend bekehren?"* Ich antwortete: *„Auf jeden Fall. Ich halte keinen Vortrag, wo es hinterher nicht die*

13
Die Notwendigkeit der Bekehrung zu Jesus Christus und wie das geschehen kann, wird ausführlich erklärt in Schriftform unter https://wernergitt.de/schritte oder zum Anhören in dem Video https://wernergitt.de/leben.

Möglichkeit gibt, sich für den Lebensweg mit Jesus zu entscheiden. So ist das auch heute möglich. Ich werde gerade noch die Fragen einiger junger Leute beantworten, und dann komme ich zu Ihnen." Als ich dann zu den beiden kam, begann die Frau: „Ich muss Ihnen zuerst meine Geschichte erzählen." – „Ja, das interessiert mich."

„Ich will Ihnen zuerst sagen, warum wir überhaupt hier sind. Vor einiger Zeit hat mir jemand eine CD von ihnen geschenkt. Irgendein Nachbar oder wer es auch war, überreichte sie mir. Und die haben wir uns sogleich angehört. In dem Vortrag haben Sie gesagt, dass Gott es nicht mag, wenn wir unverheiratet zusammenleben. Und das haben wir schon einige Jahre getan. Da habe ich erst einmal einen Schock bekommen; mir wurde es ganz mulmig. Da war meine Entscheidung gefallen. Und dann habe ich zu meinem, wie soll ich sagen, Mitbewohner, Freund oder was auch immer, gesagt, wollen wir nicht heiraten? Er war einverstanden, und dann haben wir geheiratet."

Dann erzählte die Frau weiter:

„Jetzt muss ich Ihnen noch etwas erzählen. Ich war schwer herzkrank und hatte eine Herzoperation vor mir, aber stellen Sie sich vor, als wir geheiratet hatten, war alles weg! Es war keine Operation mehr nötig. Das Herz war völlig in Ordnung."

Ich sagte daraufhin: *„Sehen Sie, so reagiert Gott auf Gehorsam! Er hat in wunderbarer Weise mit Ihnen gehandelt."* Dann fuhr sie fort:

„Ja, wissen Sie, Gott hat noch einen draufgesetzt. Ich war auf der Suche nach einer Stelle und hatte zig Bewerbungen verschickt. Ich bekam aber nur Absagen. Als wir dann geheiratet hatten, habe ich nur eine einzige Bewerbung verschickt, und ich bekam daraufhin eine gute Stelle. Ich habe nette Kollegen, alles läuft gut."

Ich antwortete darauf: *„Sehen Sie, das hat Gott noch hinzugetan. Gott kommt uns entgegen, wenn wir ihm gehorsam sind."* Nun äußerte sie ihren Wunsch, warum sie überhaupt gekommen waren:

„Jetzt wollen wir uns bekehren."

Ich fragte: *„Wie kommen Sie darauf?"*

„Sie haben doch auf der CD gesagt, dass man sich jetzt nach dem Vortrag bekehren kann, und man soll da in irgendeinen Raum hinkommen, wo das dann möglich ist. Aber wir waren ja nicht bei dem Vortrag dabei. Auf der CD stand jedoch die Adresse ihrer Homepage drauf. Und so haben wir schon eine Zeitlang darauf geschaut, wo ja Ihre Termine angegeben sind, ob Sie nicht irgendwann mal hier in der Schweiz sind. Und jetzt war es der Fall."

Ich fragte: *„Wo kommen Sie denn her?"* – *„Wir haben eine Stunde Autofahrt gehabt bis hier nach Wetzikon."* Wunderbar, denke ich, da haben die beiden schon eine spannende Geschichte hinter sich, aber das Vorhaben, sich bekehren zu wollen, haben sie nicht aus dem Auge verloren. Mit großer Freude entschieden sie sich für die Nachfolge Jesu.

War das nicht ein spannender Weg zum Herrn Jesus? Die Geschichte hat mich sehr beeindruckt. Da hat jemand eine CD mit einer evangelistischen Botschaft weitergegeben, die Empfänger hören das, sie werden Gott gehorsam, und danach treffen sie die Entscheidung für Jesus Christus. Gott ist gut zu ihnen, und daraufhin bekehren sie sich. So kann es Ihnen, liebe Leserin und lieber Leser, auch ergehen. Es kann sein, dass Sie schon gebetet haben und schon mancherlei gute Dinge mit Gott erlebt haben. Gott erhört uns. Und nun ist es dran, dass wir die Sache verbindlich machen, dem Herrn Jesus von ganzem Herzen folgen, sich zu ihm hin auf den Weg machen und ihm sagen:

„Herr Jesus, hier bin ich, nimm auch mich an. Ich möchte an Dich glauben und Dir folgen. Reinige mich von aller Schuld meines Lebens und führe mich auf Deinen Wegen. Wenn Du wiederkommst, Herr Jesus, dann möchte ich zu Deiner Schar gehören, und ich möchte ewig im Himmel bei Dir sein. Dazu hast Du mich berufen, und so komme ich, um mein Leben mit Deinem zu verbinden. Amen."

Das oben geschilderte Beispiel, wie das Schweizer Ehepaar die Rettung zum ewigen Leben erlangte und die Ehefrau darüber hinaus auch noch ein gesundes Herz und eine passende Arbeitsstelle bekam, ist eine besondere Zugabe bei der Entscheidung. Gott ist souverän, und er vermag alles. In jedem Falle aber gilt die göttliche Zusage: *„Denn, wer den Namen des Herrn anrufen wird, soll gerettet werden"* (Römer 10,13). Ob Gott Ihnen mit der Rettung gleichzeitig auch volle Gesundheit schenkt oder andere Lebensprobleme löst, kann im Einzelfall nicht gesagt werden.

Bedeutsam ist: Auch heute können Sie sich bekehren. Das ist die beste Botschaft an uns: *„Gott hat dich so lieb, dass er seinen Sohn Jesus für dich hingab, damit alle, die an Jesus glauben, nicht ewig verloren werden, sondern das ewige Leben haben"* (frei nach Johannes 3,16). Gott ruft immer noch: *„Du bist herzlich eingeladen, ewig bei mir im Himmel zu sein!"*

A3: Die Einladung gehört, aber nicht angenommen

Es war bei einer Veranstaltung in Bietigheim in Süddeutschland. Nach dem Vortrag waren einige zum Gespräch zurückgeblieben. Nachdem ich erklärt hatte, wie man den Weg zu einem Leben im Glauben finden kann, nahmen alle Anwesenden bis auf zwei junge Frauen das Angebot an. So betete ich mit den Entscheidungswilligen, gab ihnen noch einige Ratschläge und ein Buch mit auf den Weg und verabschiedete mich von ihnen.

Dann wandte ich mich den Frauen zu, die *„nein"* gesagt hatten. Ich fragte zunächst, ob ich irgendwas gesagt hatte, was ihnen nicht verständlich war. *„Nein"*, antworteten sie sehr freundlich, *„aber wir wollen unser Leben so weiterleben, wie wir es bisher getan haben."* Bei den vielen Fragen, die sie mir gestellt haben, lautete eine davon: *„Sind Sie ein besserer Mensch, weil Sie Christ sind?"* Ich sagte: *„Das ist nicht die Frage, vielleicht sind Sie besser, aber das weiß Gott genauer. Das Entscheidende ist: Mir ist alle Schuld durch Jesus vergeben, und das macht den Unterschied. Und weil mir vergeben ist, habe ich den Himmel gewonnen. Das gilt aber auch für Sie, wenn Sie Jesus annehmen."*

Viele weitere Fragen stellten sie noch, und darüber war es schon Mitternacht geworden. Ein Ende schien auch da noch nicht in Sicht, denn sie hatten so viel Neues gehört. Ich schlug vor: *„Aufgrund der späten Stunde sollten wir das ausgiebige Gespräch mit ei-*

nem Gebet beenden. So mache ich es immer nach den Gesprächen. Das Gebet werde ich Ihnen erklären, damit Sie wissen, was wir beten, denn ich würde Sie bitten, dass Sie es laut vernehmlich mitbeten. Ich spreche Ihnen das Gebet Satz für Satz vor, und Sie sprechen es dann nach."

Damit waren die beiden miteinander befreundeten Frauen einverstanden. Und das war das ungewöhnlichste Gebet, das ich je in meinem Leben gesprochen habe:

„Herr Jesus Christus, ich habe heute von Dir gehört. Dabei habe ich viel Neues über Dich erfahren, was ich vorher nicht wusste. Auch von Deiner Liebe zu mir habe ich viel hören dürfen. Du weißt, dass ich mich entschlossen habe, weiterhin ein atheistisches Leben zu führen. Aber wenn es für mich besser sein sollte, ein Leben mit Dir zu führen, dann zeige mir das. Und wenn Du mir das eines Tages klar machst, dann will ich mich auch zu Dir bekehren. Amen."

So habe ich noch nie mit jemandem gebetet. Ich bin mir gewiss, dieses Gebet wird der Herr eines Tages erhören. Ich werde eine Zeitlang jeden Tag für diese beiden Frauen beten. Der Herr wird es ihnen zeigen, dass es besser ist, mit ihm zu leben, um nicht in die Hölle, sondern in den Himmel zu kommen.

A4: Schlussbemerkung

Die in A2 und A3 geschilderten Begegnungen zeigen uns, wie sehr Gott uns mit dem freien Willen ausgestattet hat. Niemand kann zum Glauben gezwungen werden. Er ist auch nicht angeboren. Es ist und bleibt immer eine freie Entscheidung des Einzelnen. Als Paulus auf dem Areopag in Athen predigte (Apostelgeschichte 17,16-34), sagten die einen: *„Was will dieser Schwätzer sagen?"* (Vers 18) und von anderen wird gesagt:

> *„Einige Männer schlossen sich ihm (Paulus) an und wurden gläubig; unter ihnen war auch Dionysius, einer aus dem Rat, und eine Frau mit Namen Damaris und andere mit ihnen"* (Vers 34).

Eine größere Entscheidungsreichweite ist nicht mehr vorstellbar – zwischen Himmel und Hölle auswählen zu können. Mögen sich durch dieses Taschenbuch viele zum Himmel einladen lassen.

Der Autor

Dir. u. Prof. a. D. Dr.-Ing. *Werner Gitt* wurde am 22. 02. 1937 in Raineck/Ostpreußen geboren. Von 1963 bis 1968 absolvierte er ein Ingenieurstudium an der Technischen Hochschule Hannover, das er als Dipl.-Ing. abschloss.

Von 1968 bis 1971 war er Assistent am Institut für Regelungstechnik an der Technischen Hochschule Aachen. Nach zweijähriger Forschungsarbeit promovierte er zum Dr.-Ing. Von 1971 bis 2002 leitete er den Fachbereich Informationstechnologie bei der Physikalisch-Technischen Bundesanstalt (PTB) in Braunschweig. 1978 wurde er zum Direktor und Professor bei der PTB ernannt. Er hat sich mit wissenschaftlichen Fragestellungen aus den Bereichen Informatik, numerischer Mathematik und Regelungstechnik beschäftigt und die Ergebnisse in zahlreichen wissenschaftlichen Originalarbeiten publiziert.

1990 gründete *W. Gitt* die »Fachtagung Informatik«, zu der jährlich etwa 150 Teilnehmer deutschlandweit anreisen. 2022 übergab er die Leitung an Prof. Dr. *Eduard Siemens*. Ziel ist es, biblische Leitlinien mit wissenschaftlichen Fragestellungen (besonders im Bereich der Informationswissenschaften) zu verbinden. Von 1984 bis 2016 vertrat er das Gebiet »Bibel und Naturwissenschaft« als Gastdozent an der »Staatsunabhängigen Theologischen Hochschule Basel« (STH Basel). Seit 1966 ist er mit seiner lieben Frau Marion verheiratet. Sie sind dankbar für ihre Kinder Carsten und Rona mit ihren Ehepartnern und den drei Enkeln Silas, Lina und Samuel.

Werner Gitt

Der Himmel – Ein Platz auch für Dich?

Uns allen hat der Schöpfer die Ahnung der Ewigkeit ins Herz gelegt.
Wir wissen darum, dass der Tod nicht den Schlussstrich unter
unser Leben setzt. Darum gibt es auch kein Volk auf dieser Erde,
das nicht irgendwelche Jenseitsvorstellungen entwickelt hat. Wir
wollen aber nicht irgendwelchen Ideen, sondern der Wahrheit
folgen. Kein Religionsgründer konnte von sich sagen: „Ich bin die
Wahrheit!", weil keiner von ihnen aus der jenseitigen Welt kam.
Jesus ist der einzige, der aus dem Himmel kam, Mensch wurde, für
unsere Verfehlungen den bitteren Tod am Kreuz starb, am dritten
Tag von den Toten auferstand und in den Himmel zurückkehrte.
Nur er konnte dieses außergewöhnliche Wort an uns richten: „Ich
bin der Weg, die Wahrheit und das (ewige) Leben, niemand kommt
zum Vater denn durch mich" (Johannes 14,6). Damit sagt er uns:

Er ist die Wahrheit in Person.

Er selbst ist die Quelle des Lebens.

Er allein ist der Weg in das Vaterhaus Gottes.

Dieses Buch möchte Sie, liebe Leserin und lieber Leser, ermutigen, diesem Jesus zu folgen. Dann haben Sie den gefunden, der Sie grenzenlos liebt und Ihnen das Himmelreich schenken will.

In folgenden 28 Sprachen erhältlich:
548371 englisch
548372 russisch
548373 tschechisch
548375 arabisch
548376 französisch
548377 polnisch
548378 ungarisch
548390 spanisch
548391 finnisch
548392 iranisch
548395 litauisch
548397 rumänisch
548398 slowenisch
548399 esperanto
548400 chinesisch
548525 mazedonisch
548526 türkisch
548527 portugiesisch
548370 deutsch
548383 italienisch
548394 ki-suaheli
548528 schwedisch
548529 albanisch
548530 hebräisch
548531 kurdisch
548532 kroatisch
548374 niederländisch
548393 kirgisisch

92 Seiten, Paperback
Je € 2,90

Werner Gitt

Was war der Stern von Bethlehem?

Dieses Buch ist insofern ungewöhnlich, als es einen der herausra-
gendsten Berichte des Neuen Testaments aus astronomischer und
biblischer Sicht analysiert und dabei von eingefahrenen Gleisen
durch Mythen und Legenden befreit sowie diverse astronomische
Fehldeutungen offenlegt. Es ist die Reisegeschichte der Weisen
aus dem Morgenland, die vom Stern von Bethlehem sicher zum
Ziel geleitet wurden.

In folgenden Sprachen erhältlich:

548253 deutsch
548280 holländisch
548281 englisch
548282 tschechisch
548283 polnisch
548284 ungarisch
548285 schwedisch
548286 russisch
548288 französisch

140 Seiten, Taschenbuch
Je € 3,00